普通高等教育一流本科专业建设成果教材

化学工业出版社"十四五"普通高等教育本科规划教材

U0296814

环境化学实验

孙红文 主编　张彦峰　王 平　袁超磊　副主编

Experiments in Environmental Chemistry

化学工业出版社

·北京·

内容简介

《环境化学实验》是同名课程的配套教材。全书共包括 31 个实验，内容涉及大气、水、土壤、生物等样品中的多种化学污染物在环境中的存在、迁移转化规律及控制原理。本书在帮助学生巩固理论知识的同时，力图锻炼学生的动手能力、发现和解决问题的能力以及创新能力，既注重对学生环境化学基本实验技能的培养和锻炼，也反映该领域新的研究动态和方法，同时注意避免与其他相关实验课程内容的重复。配套的实验视频提供了更加多样化的教学手段，适应了课程发展的时代要求。

本书可作为高等学校环境科学与工程类专业学生的教材，也可供其他相关学科和专业的学生以及科研人员、技术人员参考。

图书在版编目（CIP）数据

环境化学实验/孙红文主编；张彦峰，王平，袁超磊副主编.—北京：化学工业出版社，2023.6

普通高等教育一流本科专业建设成果教材　化学工业出版社"十四五"普通高等教育本科规划教材

ISBN 978-7-122-43135-6

Ⅰ.①环… Ⅱ.①孙… ②张… ③王… ④袁… Ⅲ.①环境化学-化学实验-高等学校-教材 Ⅳ.①X13-33

中国国家版本馆 CIP 数据核字（2023）第 049267 号

责任编辑：满悦芝　　　　　　　　　　　　文字编辑：杨振美
责任校对：边　涛　　　　　　　　　　　　装帧设计：张　辉

出版发行：化学工业出版社（北京市东城区青年湖南街 13 号　邮政编码 100011）
印　　装：三河市延风印装有限公司
787mm×1092mm　1/16　印张 8¼　字数 188 千字　2023 年 9 月北京第 1 版第 1 次印刷

购书咨询：010-64518888　　　　　　　　售后服务：010-64518899
网　　址：http://www.cip.com.cn
凡购买本书，如有缺损质量问题，本社销售中心负责调换。

定　　价：29.80 元

序

　　1972 年，联合国召开了第一届人类环境会议，并于 1973 年 1 月 1 日发布了《人类环境宣言》，1973 年 8 月，周恩来总理主持召开了我国第一届环境保护大会，这分别代表着环境保护事业在世界和中国的萌生。面对环境保护事业的发展，环境保护科学研究及管理人才的培养也迫在眉睫。在这种背景下，南开大学于 1973 年成立了环境保护教研室，1983 年又成立了我国综合性高校中首个环境科学系。2001 年，南开大学环境科学位列我国首批 4 个环境科学国家重点学科之一，并于 2019 年成为首批国家级一流专业建设点。五十年的发展历程中，南开大学环境学科一直注重教材建设，为我国高等学校环境学科人才培养做出了贡献。

　　环境学科是应对解决国家经济社会发展过程中产生的环境污染问题及保障生态系统安全与人体健康需求的学科，也是实验性和应用性极强的综合交叉学科。实验技能的提高在环境学科人才培养中占据重要位置。实验教学可以帮助学生深入认识理论问题、掌握解决环境问题的技术。环境学科发展迅速，随着环境问题的涌现与解决，其理论内涵与外延均迅速发展，目前的实验教材已无法完全满足一流人才培养和一流专业建设的需求。因此，我们在目前使用的实验讲义基础上，总结梳理环境科学国家级一流专业建设成果，组织编写了"高等学校环境科学专业实验课程新形态系列教材"，旨在分享南开大学环境学科在实验教学方面的经验和进展，为建设一流本科专业提供重要支撑。

　　本次出版的"高等学校环境科学专业实验课程新形态系列教材"主要包括《环境化学实验》《环境监测与仪器分析实验》《环境工程微生物学实验》和《环境生态学与环境生物学实验》四个分册，涵盖了环境化学、环境监测、环境微生物、生态学、环境生物学和仪器分析等专业方向，基本覆盖了环境科学学科的主干课程。本系列教材以提高学生科学素养、实验技能和强化学生科教兴国意识、勇于创新的科学精神为目标，并将一些学科前沿研究的新方法和新成果引入到本科生的实验教学中，既充分考虑各门课程教学大纲的基础知识点，又体现出南开大学与时俱进、教研相长的学科特色。另外，本系列教材应用全新传媒技术，使广大学生通过手机终端即可扫码完成原理的自学以及操作流程的预习、身临其境地了解实验过程、或直接观看各实验的关键操作流程。本系列教材适用于高等学校环境科学相关专业的本科生教育，也可用于大中专院校及科研院所青年人员的继续教育，力求为缺少实验办学条件的单位提供帮助。

　　由于编者水平有限，且本系列教材首次采用了新媒体模式，参加编写的人员较多，书中若有错误和不当之处，恳请各位读者批评指正。

孙红文
于南开园
2023 年 6 月

前　言

　　科技基础能力是国家综合科技实力的重要体现，是国家创新体系的重要基石，是实现高水平科技自立自强的战略支撑。党的二十大报告提出，加强科技基础能力建设。环境化学是环境科学与工程专业的重要基础学科，研究内容十分丰富，涉及大气、水、土壤、生物等多种环境介质，以及重金属、有机物等多种污染物，包含环境分析化学、生态毒理化学、污染控制化学等多个分支学科。

　　实验是学生锻炼科研能力、获取实践经验和检验理论知识的重要途径。环境化学实验课程内容的选择遵循以下原则：多种污染物与多种环境介质相结合；基础知识与学科前沿相结合；基础性实验与综合性实验相结合；基本实验操作与大型仪器演示相结合。环境化学实验涉及的污染物种类繁多，并且浓度多为痕量或超痕量，需要使用先进的实验手段和分析仪器进行检测。同时，污染物在环境中的迁移转化过程非常复杂，难以在较短的课时中对污染物的环境化学行为进行模拟和研究。传统的实验课教学方式难以完全满足环境化学实验的教学要求。因此，本教材为每个实验拍摄了视频演示片段，丰富了教学方式，提高了教学效率，增强了授课的生动性和直观性。

　　本书是南开大学环境科学国家级一流本科专业建设成果教材，由孙红文担任主编，张彦峰、王平、袁超磊担任副主编。参加编写的人员还有袁有才、刘英华、赵祯、姚义鸣、史国良、陈浩、汪玉等。由于编者水平所限，书中难免存在疏漏，恳请广大读者批评指正。

编者

2023 年 6 月于南开大学

目　录

实验一　颗粒物碳组分分析与受体模型源解析方法研究 ················ 1

实验二　大气降尘中菲的光降解效率的测定 ······················ 5

实验三　水中甲苯挥发速率的测定 ···························· 10

实验四　吹扫捕集-气相色谱-质谱联用仪测定水中的挥发性有机物 ········ 15

实验五　摇瓶法测定对二甲苯和萘的辛醇-水分配系数 ················ 20

实验六　产生柱法测定萘的水溶解度 ·························· 23

实验七　有机污染物在硅胶上的吸附 ·························· 26

实验八　天然水中 Cr(Ⅲ) 的沉积曲线 ························ 30

实验九　天然沸石对水中氨氮的去除 ·························· 34

实验十　邻苯二甲酸酯的水解 ······························ 38

实验十一　Fenton 试剂催化氧化酸性大红 GR 染料 ················ 41

实验十二　光催化降解甲基橙实验 ··························· 44

实验十三　沉积物的耗氧 ································· 49

实验十四　土壤和沉积物中腐殖酸的提取和分离 ·················· 51

实验十五　沉积物理化性质及重金属含量的测定 ·················· 54

实验十六　沉积物中营养盐的释放 ··························· 57

实验十七　土壤的 pH 值和阳离子交换量 ······················ 61

实验十八　土壤脲酶活性测定 ······························ 65

实验十九　气相色谱-质谱法测定水中的多环芳烃 ················· 68

实验二十　土壤中重金属的有效态和连续提取形态分析 ·············· 71

实验二十一　土壤中酚的转化强度 ··························· 76

实验二十二　多环芳烃在生物炭上的吸附解吸 ··················· 80

实验二十三　铜对辣根过氧化物酶活性的影响 ··················· 84

实验二十四　大米镉含量分析和健康风险评价 ··················· 87

实验二十五　小麦根系对全氟烷基酸的吸收机理 ·················· 90

实验二十六　饮料中防腐剂苯甲酸和山梨酸的测定 ················ 94

实验二十七　花生中黄曲霉毒素的测定 ······················· 97

实验二十八　电镀废水中重金属的沉淀去除 ……………………………… 101

实验二十九　EDTA 对铜污染土壤的淋洗修复 …………………………… 105

实验三十　重金属在土壤-植物中的累积和迁移 …………………………… 108

实验三十一　土壤对铜的吸附 ………………………………………………… 113

参考文献 ……………………………………………………………………… 119

二维码目录

二维码 1-1	颗粒物碳组分分析样品制备及仪器操作	3
二维码 2-1	大气降尘中菲的光降解效率的测定实验操作	8
二维码 3-1	水中甲苯挥发速率的测定实验操作	13
二维码 4-1	吹扫捕集-气相色谱-质谱联用仪测定水中的挥发性有机物实验操作	17
二维码 5-1	摇瓶法测定对二甲苯和萘的辛醇-水分配系数	22
二维码 6-1	产生柱法测定萘的水溶解度(分光光度计测定参考其他实验视频)	24
二维码 7-1	有机污染物在硅胶上的吸附实验操作	28
二维码 8-1	天然水中Cr(Ⅲ)的沉积曲线实验操作	32
二维码 9-1	天然沸石对水中氨氮的去除实验操作	35
二维码 10-1	邻苯二甲酸酯的水解	40
二维码 11-1	Fenton试剂催化氧化酸性大红GR染料	42
二维码 12-1	光催化降解甲基橙实验	46
二维码 13-1	沉积物的耗氧	50
二维码 14-1	土壤和沉积物中腐殖酸的提取和分离	52
二维码 15-1	沉积物样品的制备	55
二维码 15-2	沉积物样品消解、赶酸及定容	56
二维码 16-1	沉积物中营养盐的释放	59
二维码 17-1	土壤pH值的测定	63
二维码 17-2	土壤阳离子交换量的测定	63
二维码 18-1	土壤脲酶活性测定	67
二维码 19-1	气相色谱-质谱法测定水中的多环芳烃	70
二维码 20-1	土壤中重金属的有效态和连续提取形态分析	74
二维码 21-1	土壤中酚的转化强度测定	78
二维码 22-1	标准曲线的绘制	81
二维码 22-2	生物炭的制备	82
二维码 22-3	生物炭对菲的动力学吸附实验	82
二维码 22-4	生物炭对菲的吸附等温线实验	83
二维码 22-5	菲在生物炭上的解吸等温线实验	83
二维码 23-1	铜对辣根过氧化物酶活性的影响	85

二维码 24-1	大米镉含量分析	88
二维码 25-1	小麦根系对 PFAAs 吸收机理实验	93
二维码 26-1	饮料中防腐剂苯甲酸和山梨酸的测定实验	96
二维码 27-1	花生中黄曲霉毒素的测定实验	99
二维码 28-1	电镀废水中重金属的沉淀去除实验	103
二维码 29-1	EDTA 对铜污染土壤的淋洗修复实验	106
二维码 30-1	重金属在土壤-植物中的累积和迁移	109
二维码 31-1	pH 值对土壤吸附铜的影响	115
二维码 31-2	土壤成分影响土壤吸附铜热力学实验	116
二维码 31-3	铜标准系列溶液的配制	116
二维码 31-4	原子吸收测定待测溶液中铜的浓度	116

实验一
颗粒物碳组分分析与受体模型源解析方法研究

1.1 实验目的

① 了解颗粒物碳组分分析的基本原理。
② 掌握颗粒物碳组分分析的基本操作步骤。
③ 了解大气颗粒物来源解析中，化学质量平衡受体模型源解析计算方法。

1.2 实验原理

（1）颗粒物碳组分分析原理

碳组分是颗粒物中的重要组成部分，对大气颗粒物来源解析过程中污染源（尤其是机动车、燃煤等）的识别及定量解析有重要影响。颗粒物中碳组分可以分为有机碳（OC）、元素碳（EC）和光学检测裂解碳（OP）。

在无氧的纯氦气环境中，分别在 120℃（OC1）、250℃（OC2）、450℃（OC3）和550℃（OC4）下，对收集了颗粒碳的 $0.526cm^2$ 的滤膜片进行加热，将滤纸上的颗粒碳转化为 CO_2，然后将样品在含 2％氧气的氦气环境下，分别于550℃（EC1）、700℃（EC2）和800℃（EC3）逐步加热，此时样品中的元素碳释放出来。上述各个温度梯度下产生的 CO_2 经 MnO_2 催化，在还原环境下转化为可通过火焰离子检测器（FID）检测的 CH_4。在加热过程中，部分有机碳可发生碳化现象而形成黑炭，使滤膜变黑，导致热谱图上的有机碳和元素碳的峰不易区分。因此，在测量过程中，采用633nm的氦-氖激光监测滤纸的反射光光强，利用光强的变化明确指示出元素碳氧化的起始点。有机碳碳化过程中形成的碳化物称为光学检测裂解碳（OP）。因此，当一个样品测试完毕后，有机碳和元素碳的8个组分（OC1、OC2、OC3、OC4、EC1、EC2、EC3、OP）同时给出，将有机碳定义为 OC1＋OC2＋OC3＋OC4＋OP，元素碳定义为 EC1＋EC2＋EC3－OP。

（2）化学质量平衡受体模型的原理

化学质量平衡（CMB）受体模型是大气颗粒物来源解析工作中重要的受体模型之一，它能定量计算不同污染源对颗粒物的贡献。

CMB受体模型是根据质量守恒定律建立的受体模型。假设在排放源和环境受体（污染

1

源样品和环境颗粒物样品）之间存在化学质量平衡，即污染物在从源到受体的传输过程中质量没有损失，那么受体上测量的化学组分浓度就是每一源类对该化学组分浓度值贡献的线性加和。

$$c_i = \sum_{j=1}^{J} F_{ij} S_j$$

式中，c_i 为受体中所测的第 i 个组分的浓度，$\mu g/m^3$；F_{ij} 是第 j 个排放源排放的物质中第 i 个组分占的比例，g/g；S_j 是第 j 个排放源的贡献，$\mu g/m^3$；i 为化学组分的编号；j 为污染源类型的编号。当组分的数量等于或大于源的数量时，该方程组有解。c_i 和 F_{ij} 的值作为模型输入，c_i 和 F_{ij} 的测量误差也需要输入模型中，用于计算有效方差。源贡献 S_j 及其标准偏差由模型计算得到。

1.3　实验器材

1.3.1　碳组分实验仪器

① DRI 碳分析仪。

② 打洞器：直径 5/16in（约 0.79cm）。可以在一个 47mm 的玻璃或石英纤维滤膜（面积为 17.35cm^2）上切 10 个圆形样品膜片，来计算滤纸上颗粒碳的面积（cm^2）。计算公式如下：

滤纸上颗粒碳的面积＝17.35×（10 个圆形样品膜片的质量/原膜片质量）

③ 微量针：1000μL 和 2500μL 的微量针，用于标气注射；25μL 或 50μL 微量针用于碳酸盐分析和标准液体的校准。

④ 平头镊子。

⑤ 玻璃培养皿或玻璃平板。

⑥ Kimwipes 无尘纸。

1.3.2　碳组分实验试剂

氢气、氦气、O_2/He 混合气。

1.3.3　化学质量平衡受体模型硬件和软件需求

计算机一台、Windows 系统、NKCMB1.0 科学计算软件。

1.4　实验内容与步骤

1.4.1　碳组分分析

（1）分析软件程序界面

主界面中，"Options" 用来选择不同的数据库和备份路径；"Manual" 提供当前分析仪基础参数的当前值和手动控制菜单；"Control"用来设置炉温、卡尔阀的状态以及前后阀的开关；"Analysis"用来初始化分析协议。

（2）样品 OC/EC 分析

软件开始运行后，按要求"Load"放样品膜片，按"Continue"键，弹出 Delay 窗口后，键入在分析开始前需要的延时时长（单位为 s）。

"Advance"命令按钮使程序直接进行命令表的下一个事件。

按下"ReDraw"按钮会重新绘制（更新）谱图。

（3）碳组分分析报告

分析结束后，可打印包括谱图在内的 3 页报告，所有峰值数据存储在 PeaksTable 中，原始数据存储在 RunsTable 和 RawTable 中，这两个表都在 CarbonNet/Access database 里。在校准时间过了以后，由峰面积比（Area-sample/Area-CH_4-peak）得到校准斜率，计算出碳质量。在 Carbon.Par 文件里输入新的校准斜率值，以后的分析都会用新的斜率计算。

二维码1-1
颗粒物碳组分分析
样品制备及仪器
操作

1.4.2　化学质量平衡受体模型源解析计算

（1）数据构建

CMB 受体模型需要输入源成分谱数据和受体浓度数据，受体组分的数量要等于或大于源的数量。源和受体的化学组分主要包括无机元素、碳组分、水溶性离子等，这些组分涵盖了主要污染源的标识性组分。其中，无机元素必测 Al、Si、Ca、K、Na、Mg、Fe、Mn、As 等，选测 Co、Mo、Ag、Sc、Tl、Pd、Br、Te、Ga、Cs、Se、Hg、Cr、Pb、Cd、Zn、Cu、Ni、Ti、Sb、Sn、V、Ba 等；碳组分必测有机碳（OC）和元素碳（EC）；水溶性离子必测 SO_4^{2-}、NO_3^-、NH_4^+、Cl^-，选测 K^+、Ca^{2+}、Na^+、Mg^{2+}、F^- 等。上述组分数据由教师提前测定提供。

（2）输入文件格式

NKCMB1.0 输入文件是 Excel 格式的数据文件，包含了源成分谱和受体化学组成的均值数据、标准偏差数据。输入数据的格式可参考输入文件模板"NKCMB 1.0 输入文件导入模板.xls"。该模板文件包含了两个工作表："源"工作表和"受体"工作表。

（3）模型运算

打开 NKCMB1.0 软件（可至南开大学环境科学与工程学院官网下载），导入"源"和"受体"工作表中的数据。模型运算之前，需要选择参与拟合的参数，主要包括以下三类："选择源"，参与计算源类的选择；"选择组分"，参与计算组分的选择；"选择受体"，参与计算受体的选择。

参与计算组分的选择，原则上勾选典型源类的标识性组分，标识性组分在该源成分谱的含量较其他源类高，不同源类的标识性组分可能有重合。参与计算受体的选择，勾选需要参与计算的所有受体数据。

（4）源解析结果

模型运算结果具体信息包含以下部分：

① 源贡献计算结果，包括源贡献均值和标准偏差、t 检验结果；

② 源解析结果诊断指标，包括 DF、PM、CHI^2、R^2；

③ 灵敏度矩阵，反映在计算过程中对各源类起重要作用的化学组分；

④ 组分拟合矩阵，显示受体中各化学组分拟合计算的结果信息，包括受体中各化学组分的监测浓度和标准偏差、模型计算出来相应组分的浓度和标准偏差以及计算值和测量值的比率。

1.5　注意事项

① 通气半小时以上再开始升温（把气路的杂质吹干净）。

② 安全开关打开，样品炉才会加热。

③ 如果三峰检测值不一致，第一个峰大，后两个小，可能是后炉失活。第一个峰大是因为等待的时间久些，后炉复活了一部分。

④ 待机时电脑不能关机，一旦关机，前阀也会关闭，O_2/He 会流向后炉，使后炉失活。待机时要求前阀开、后阀关。

⑤ 如果受体化学组分未检出，在数据录入时可以用 1/2 检出限代替。

1.6　数据处理

颗粒物受体样品通常由石英滤膜和有机滤膜（如聚四氟乙烯、聚丙烯等）平行采集得到，石英滤膜常用于分析有机组分，有机滤膜常用于分析无机组分。需要先计算各组分的质量分数（%），再进行合并。主要采用以下两种方法。

① 每个样品不同滤膜上化学组分的质量浓度，按照不同滤膜称量的颗粒物浓度进行加权计算，分别转化为质量分数（%）后代入模型，转化方式如下。

a. 有机滤膜分析的化学组分含量 =（有机滤膜上化学组分的浓度/有机滤膜质量浓度）×100%；

b. 石英滤膜分析的化学组分含量 =（石英滤膜上化学组分的浓度/石英滤膜质量浓度）×100%。

② 在①的基础上，计算折算后的质量浓度数据（$\mu g/m^3$）后代入模型，即每个样品的各组分质量分数×颗粒物质量浓度（石英滤膜和有机滤膜的浓度均值）。

1.7　思考题

① 碳组分分析通常使用石英滤膜，为什么不能用聚四氟乙烯滤膜？

② 如果输入数据中组分的数量小于源的数量，该如何处理？

实验二
大气降尘中菲的光降解效率的测定

2.1 实验目的

① 了解多环芳烃类物质菲在大气降尘中的光降解原理和室内模拟实验过程。
② 掌握利用具有荧光检测器的高效液相色谱仪测定菲的原理。
③ 掌握利用高效液相色谱仪测定菲的操作过程。

2.2 实验原理

多环芳烃（polycyclic aromatic hydrocarbons，PAHs）主要产生于机动车尾气排放、化石燃料的燃烧、石油开采、化工原料生产等人类活动过程以及森林火灾或火山爆发等有机物的不完全燃烧过程。由于 PAHs 具有致癌、致畸、致突变等危害以及较低的生物降解性，许多国家都将其列入优先控制检测污染物的黑名单中。通常，PAHs 在水中的溶解性低，且辛醇-水分配系数高，进入环境中的 PAHs 很容易吸附在土壤或者地表灰尘上进而富集。大气降尘主要指附着于不透水下垫面（道路、街面、桥面等）及地面附着物、建筑物的裸露表面，未被固化黏结，易在水力、风力和重力等作用下被带动和飘浮，粒径小于 20 目的固体颗粒物。大气降尘是一类来源复杂的各种污染物（有机和无机污染物）的混合体，是环境中各种污染物的"源"和"汇"。大多城市下垫面被硬化不透水，大气降尘成为城市地表最广泛的污染载体之一。大气降尘对生态系统和人体健康的危害具有隐蔽性、潜在性和长期性的特点。在一定的外动力条件下，大气降尘能与大气中的悬浮颗粒物相互转化，而大气颗粒物中的污染物又可经人体呼吸和皮肤接触等途径进入人体。

PAHs 中的离域大 π 键可以吸收太阳光的可见光（400～700nm）和紫外光（290～400nm）部分，因此，光降解作为水、土壤、大气中 PAHs 转化的一种重要途径而受到广泛重视，是 PAHs 重要的非生物降解途径。PAHs 在环境中可以发生直接光降解、间接光降解和自敏化反应等光降解反应。例如，经过阳光辐射，PAHs 能开环生成自由基，继而氧化成醌类物质和醇、醛等小分子物质，最终氧化成水和二氧化碳。固相中 PAHs 的光降解行为取决于固相本身的物理和化学性质，例如碳含量、颗粒孔隙度大小、表面积、结构组成和表面官能团等。

菲是一种典型的多环芳烃，本实验将通过实验室的异相光降解装置模拟自然环境条件，模拟菲在大气降尘中的光降解过程，并利用高效液相色谱仪检测菲的浓度，以测定菲在真实大气降尘中的光降解效率。

高效液相色谱（high performance liquid chromatography，HPLC）是目前应用最多的色谱分析方法，几乎遍及定量定性分析的各个领域。高效液相色谱系统由流动相储液瓶、输液泵、进样器、色谱柱、检测器和记录器组成。使用高效液相色谱时，液体待检测物被注入色谱柱，通过压力在固定相中移动，由于被测物中不同物质与固定相的相互作用不同，不同的物质顺序离开色谱柱，通过检测器得到不同的峰信号，最后通过分析比对这些信号来判断待测物含有的物质。高效液相色谱作为一种重要的分析方法，广泛地应用于化学和生化分析中。高效液相色谱从原理上与经典的液相色谱没有本质的差别，它的特点是采用了高压输液泵、高灵敏度检测器和高效微粒固定相，适于分析高沸点、不易挥发、分子量大、极性不同的有机化合物。

液相色谱荧光检测器已广泛应用于临床医学、生化工业、环境监测和食品检测等领域，其工作原理是由双路固定波长荧光检测器的中压泵浦灯发出的连续光通过半反射半透镜分成两束，再经过测量池和参比池，特别是大约10％的激发光被反射到相应的光电倍增管上，产生信号。光束的荧光强度与样品浓度成正比，是荧光检测器定量测定的基础。液相色谱荧光检测器的灵敏度是紫外检测器的100倍。它是一种选择检测痕量组分的有力工具，适用于多环芳烃类物质菲的环境分析。

2.3　实验器材

2.3.1　实验仪器

①　异相光降解装置：反应装置主要由气体供应瓶及流量计、光源及控制器、鼎式光反应釜、冷凝水温控装置和尾气吸收池等部分构成，反应装置示意图如图 2-1 所示。合成空气通过 3mm 不锈钢管在平行的三个气路中进入反应釜，三路气体均可以通过开关阀调节流量大小，流量通过流量计示数反映，一路通过装有分子筛和变色硅胶的干燥器通入干燥的合成空气，一路通过装有 Milli-Q 超纯水设备的鼓泡器通入湿润的合成空气，一路通过装有过氧化氢溶液的鼓泡器通入活性氧物质，通过控制湿润和干燥气体的比例来控制反应体系的相对湿度，反应在鼎式光反应釜（石英窗口直径 52mm，反应器外直径 105mm、高 90mm）内进行，反应釜内设置三个半开口的石英反应皿（直径 17mm，高 15mm）以进行平行实验。反应釜置于可以调节高度的反应架上，调节高度使反应皿底部保持在距光源 6.5cm 处。反应釜的不锈钢容器和反应釜釜盖两者之间通过法兰密封连接以保证反应的气封性。外部气路可以通过快装接头和反应釜联通。出气端装有温湿度计来检测反应釜中气体的相对湿度和温度，出气末端连接尾气吸收池装置，用于收集尾气和可能的气态产生物。另外，将冷凝水机通过水浴加热口和反应釜相连接，控制反应釜内温度在 (298 ± 0.5) K。

②　高效液相色谱仪：使用具有荧光检测器的高效液相色谱仪。配备有常规 C_{18} 等效的液相色谱柱（50～150mm）。

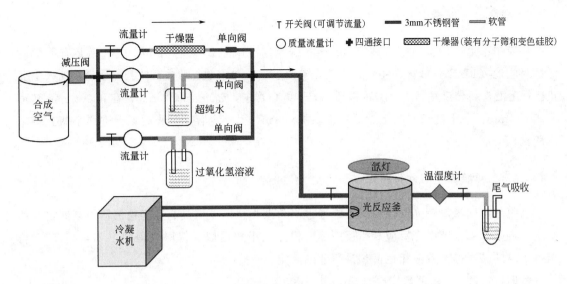

图 2-1 异相光降解装置示意图

2.3.2 实验试剂

① 菲的储备液：取 10mg 的菲溶于 10mL 的甲醇中，制备成 1000mg/L 菲的甲醇储备液。

② 菲的工作溶液：取 100μL 的 1000mg/L 菲的储备液加入 10mL 的甲醇中，制备成 10mg/L 菲的甲醇工作溶液。

③ 大气降尘悬浊液：取过 0.5mm 不锈钢筛的真实地表灰尘 500mg 加入 10mL 的甲醇中，制成悬浊液。

④ 提取液：正己烷（色谱纯）、甲醇（色谱纯）。

2.4 实验内容与步骤

2.4.1 光解反应实验步骤

① 光反应：取 200μL 的真实大气降尘悬浊液于反应皿中，在 333K 的条件下烘 20min 至干燥，并使颗粒物在容器底部形成厚度相对均匀的膜。反应物的引入采用直接滴加的方法，将 20μL 菲的工作溶液直接滴加到颗粒物膜的表面，然后将反应皿置于反应釜中密封，接着用合成空气以 0.2L/min 的流速吹扫反应室 5min，以去除反应容器中的溶剂。吹扫完成后，通入不同比例的湿润和干燥的合成空气直到相对湿度达到 40%，同时以 0.5L/min 的流量通入过氧化氢溶液，以提供活性氧物质，然后关闭上下游的阀门以提供常压密闭反应条件。打开氙灯开关，进行光降解实验，反应光照时间为 120min。

② 暗反应对照：暗反应除了不进行光照外，与光反应采用相同的操作方法。

③ 空白试验设置：空白试验除不加菲的工作溶液之外，与光反应采用相同的操作方法，以检查分析过程中是否有污染。

7

2.4.2 样品提取步骤

反应结束后，用合成空气在 0.2L/min 的流速下吹扫反应室 5min，尾气用装有甲醇的液体吸收池（15mL，液体高 4cm，尾气在液面下 2cm 处释放）收集。吹扫完成后，加入 1mL 正己烷溶液重新悬浮并润洗两次转移到 15mL 离心管中，超声提取 25min，在 4000r/min 转速下离心 5min，取上清液氮吹至近干后重新加入 1mL 甲醇定容。过膜后置于进样小瓶，待上机测试。

2.4.3 菲光降解效率的分析测定

利用菲可以激发荧光的性质，可以通过高效液相色谱仪（具有荧光检测器）来测定菲的浓度。将第 2.4.1 节中光反应和暗反应后的样品用甲醇提取（提取过程同第 2.4.2 节），将制备后的样品通过高效液相色谱仪进行菲的测定。

色谱柱：C_{18} 反相色谱柱（0.2mm×10mm×5μm）。

测定条件：流动相为甲醇：水（体积比为 90：10）；流速为 0.2mL/min；进样量为 5μL；荧光激发波长为 250nm，发射波长为 365nm；柱温为 25℃；检出限为 1ng/mL。

标准溶液的制备：取 10μL、12.5μL、25μL、50μL、80μL、100μL 的 10mg/L 菲的工作溶液置于 1mL 的甲醇中，制备标准使用液，菲的质量浓度分别为 0.100μg/mL、0.125μg/mL、0.250μg/mL、0.500μg/mL、0.800μg/mL、1.000μg/mL，存在棕色小瓶中，于冷暗处存放。

标准曲线的绘制：通过自动进样器或者样品定量环分别取不同浓度的标准使用液 5μL，注入高效液相色谱中，得到不同浓度的菲的色谱图，以峰面积 A 为纵坐标，浓度 ρ_s 为横坐标，绘制标准曲线，用最小二乘法建立标准曲线，标准曲线的相关系数 ≥0.990。

二维码2-1
大气降尘中菲的
光降解效率的测定
实验操作

标准曲线的核查：每个工作日应测定曲线中间点的溶液，来检验标准曲线。

样品的测定：取 5μL 待测样品注入高效液相色谱中，记录色谱峰的保留时间和峰面积，代入标准曲线中得到对应的浓度。

2.5 注意事项

① 取大气降尘悬浮液时，提前涡旋 1min，使得降尘保持悬浮状态。

② 关闭气路时注意先关阀门再断气，防止体系中的液体倒吸入反应釜。

③ 选用高效液相色谱荧光检测器测定菲的浓度时，提前半小时打开仪器的荧光检测器进行预热，同时连接色谱柱，以设定好的流动相比例平衡柱子半小时。实验结束后，用纯有机相冲洗柱子 30～40min。

④ 多环芳烃类物质具有"三致"性，使用时注意防护，保证在通风橱里操作。

2.6　数据处理

①　定性分析：液相色谱采集完毕后，以样品中菲的保留时间（$t_{r样品}$）与标准溶液中菲的保留时间（$t_{r标准}$）相对变化范围来定性，以确定目标化合物出峰是否正确。判定标准为样品中目标化合物的保留时间和校准曲线该化合物的保留时间的差值要在±0.03min内。

②　定量方法：按照参考条件进行分析，得到菲标准曲线的色谱图及其峰面积 $A_{标准}$。然后，以 $A_{标准}$ 为纵坐标，菲的标准溶液浓度 ρ_s 为横坐标，用最小二乘法建立标准曲线，标准曲线的相关系数≥0.990。若标准曲线的相关系数<0.990，也可以采用非线性拟合曲线进行校准，但是至少采用 6 个浓度点。

标准曲线绘制完毕或者曲线核查完成后，将处理好并放至室温的样品注入高效液相色谱仪中，按照仪器条件进行样品测定，根据目标化合物的测定峰面积和标准曲线方程计算样品中目标化合物的质量浓度 ρ_i，进一步得到样品中目标化合物的质量浓度：

$$\rho = \frac{\rho_i V}{V_{dust}\rho_{dust}}\qquad(2\text{-}1)$$

式中　ρ——大气降尘中菲的质量浓度，$\mu g/mg$；

ρ_i——从标准曲线得到的目标化合物的质量浓度，$\mu g/mL$；

ρ_{dust}——大气降尘悬浊液质量浓度，mg/mL；

V_{dust}——大气降尘悬浊液的体积，mL；

V——样品前处理后的定容体积，mL。

对实验数据进行计算，获得菲在大气降尘中的光降解效率。光降解效率的计算公式为：

$$R = \frac{\rho_0 - \rho_t}{\rho_0}\times100\%\qquad(2\text{-}2)$$

式中　R——菲的光降解效率；

ρ_0——菲的初始浓度；

ρ_t——菲在 t 时间点的浓度。

2.7　思考题

①　实验过程对所使用的大气降尘有什么要求？

②　若空白试验中发现背景浓度很高，应该如何处理？

③　设置暗反应对照的目的是什么？

实验三
水中甲苯挥发速率的测定

3.1 实验目的

① 了解有机污染物的挥发过程及其规律。
② 掌握测定有机物挥发速率的实验方法。
③ 了解影响有机污染物挥发速率的因素。

3.2 实验原理

水环境中有机污染物会发生不同的迁移转化过程，诸如挥发、微生物降解、光降解及吸附等，影响其归趋，这些过程受到有机化合物自身的物理化学性质和环境条件的影响。近年来的研究表明，自水体挥发进入空气并随空气进行长距离输送是疏水性有机污染物特别是高挥发性有机污染物的主要迁移途径。

水中有机污染物的挥发符合一级动力学方程，其挥发速率常数可通过实验求得，其数值的大小受温度、水体流速、风速和水体组成等因素的影响。测定水中有机污染物的挥发速率，对研究其在环境中的归趋具有重要意义。

苯及苯系物是典型的挥发性有机污染物，包括苯、甲苯、乙苯、对二甲苯、间二甲苯、邻二甲苯、异丙苯等化合物。苯是已经确认的强致癌物质，长期吸入苯能导致再生障碍性贫血。甲苯是一种无色、带特殊芳香气味的易挥发液体，易溶于有机溶剂，微溶于水。甲苯的口服毒性较低，具有麻醉性、刺激性和一定的致癌性。甲苯是一种重要的有机溶剂和汽油添加剂，也是重要的化工原料，在医药、农药、染料、橡胶、炸药等行业具有广泛的应用。甲苯具有挥发性，并且通过废水排放和雨水冲刷广泛分布在环境中。我国《地表水环境质量标准》（GB 3838—2002）中规定，集中式生活饮用水地表水源地中甲苯限量为 0.7mg/L。甲苯在水环境中随自身的理化性质和环境条件不同可进行不同的迁移转化，如挥发、生物降解、光降解、吸附等。其中，挥发是甲苯在环境中跨介质迁移的重要过程，是影响其在空气中含量的重要因素之一。

水体中有机污染物挥发速率可以用亨利定律描述。

$$\frac{\mathrm{d}c}{\mathrm{d}t} = -\frac{k_v}{Z}\left(c - \frac{p}{K_\mathrm{H}}\right) = -k_v'\left(c - \frac{p}{K_\mathrm{H}}\right) \tag{3-1}$$

式中　c——有机污染物在水中的浓度；

　　　t——挥发时间；

　　　k_v——初始挥发速率常数；

　　　k_v'——挥发速率常数；

　　　Z——水体的混合深度；

　　　p——有机污染物在大气中的分压；

　　K_H——亨利常数。

一般情况下，有机污染物在大气中分压为零，水体中有机污染物的挥发符合一级动力学方程，式（3-1）可以简化为式（3-2）：

$$-\frac{\mathrm{d}c}{\mathrm{d}t}=kc \tag{3-2}$$

式中　k——一级挥发速率常数。

由式（3-2）可得：

$$\ln\frac{c_0}{c}=kt \tag{3-3}$$

式中　c_0——水中有机污染物的初始浓度。

由此可求得有机污染物挥发掉一半所需的时间（$t_{1/2}$）为：

$$t_{1/2}=\frac{0.693}{k} \tag{3-4}$$

式中　$t_{1/2}$——有机污染物挥发的半衰期。

有机污染物在环境中的挥发速率除与物质本身的物理化学性质有关之外，还与空气流动、环境温度及溶液黏度等因素有关。

通过实验室模拟，可以详细表征有机污染物在环境中的挥发速率，如式（3-5）所示：

$$Q=\alpha\beta p\sqrt{\frac{M}{2\pi RT}} \tag{3-5}$$

式中　Q——单位时间、单位面积的挥发量；

　　　α——有机污染物在液体表面与在液体本体的浓度比值，纯物质时为1；

　　　β——与大气条件有关的无量纲吸收，表征此条件下空气对有机污染物的阻力；

　　　p——该温度时有机污染物的分压；

　　　M——该有机污染物的分子量；

　　　R——理想气体常数，$8.314\ \mathrm{J\cdot mol^{-1}\cdot K^{-1}}$；

　　　T——绝对温度。

由亨利定律：

$$p=K_H c \tag{3-6}$$

$$Q=\alpha\beta K_H c\sqrt{\frac{M}{2\pi RT}} \tag{3-7}$$

将 K 记为传质系数，则：

$$K=\alpha\beta K_H\sqrt{\frac{M}{2\pi RT}} \tag{3-8}$$

11

$$Q = Kc \tag{3-9}$$

传质系数 K 与挥发速率常数 k_v' 有以下关系：

$$K = k_v' L \tag{3-10}$$

式中，L 为深度。式（3-10）也可表示为：

$$k_v' = \frac{K}{L} = \frac{\alpha \beta K_H \sqrt{\dfrac{M}{2\pi RT}}}{L} \tag{3-11}$$

因此，某有机污染物在温度（T）、溶液深度（L）一定时，挥发速率仅与 α 和 β 有关。如果测出 α 和 β，根据有机污染物浓度，就可以计算有机污染物的挥发速率。

3.3　实验仪器与试剂

3.3.1　实验仪器

紫外可见分光光度计、分析天平、称量瓶、玻璃培养皿、容量瓶、尺子、温度计、胶头滴管、移液管、石英比色皿。

3.3.2　实验试剂

甲苯（分析纯）、甲醇（分析纯）。

3.4　实验内容与步骤

3.4.1　纯甲苯挥发速率的测定

量出容器的直径 d，记录室内温度 T。在称量瓶中加入 2mL 甲苯，将容器置于分析天平上，将天平两边门打开，以免蒸气饱和。每隔 30s 读取质量 1 次，共测 10 次，记录于表 3-1 中。

表 3-1　纯甲苯的挥发

时间/s	0	30	60	90	120	150	180	210	240	270
质量/g										

3.4.2　溶液中甲苯挥发速率的测定

① 储备液的配制：在 10mL 的容量瓶中称取甲苯 0.10g（记录准确质量），用甲醇稀释到刻度，溶液浓度为 10mg/mL。

② 中间液的配制：取上述储备液 2mL 置于 100mL 容量瓶中，用水稀释至刻度，溶液浓度为 200mg/L。

③ 溶液中甲苯的挥发：取一定量的甲苯中间液倒入玻璃培养皿内，体积约占培养皿容

积的 1/2～2/3。让其自然挥发，每隔 10min 取样一次，每次取 1.0mL，用水定容至 10mL 保存，共取 10 个样。在取样的间隙配制下一步的标准溶液。

④ 标准曲线绘制及样品测定：分别取甲苯中间液 0.2mL、0.4mL、0.8mL、1.2mL 和 1.6mL 于 10mL 的容量瓶内，用水稀释至刻度。待 10 个样品以及 5 个标准系列溶液都准备好后，以水作参比，将这些溶液用紫外可见分光光度计于波长 205nm 处测定吸光度，记录于表 3-2 和表 3-3 中。

二维码3-1
水中甲苯挥发速率
的测定实验操作

表 3-2　甲苯标准溶液浓度和吸光度

中间液体积/mL	0.2	0.4	0.8	1.2	1.6
浓度/(mg/L)					
吸光度					

表 3-3　甲苯溶液挥发实验的样品吸光度

时间/min	0	10	20	30	40	50	60	70	80	90
吸光度										

3.5　注意事项

① 甲苯和甲醇具有一定的毒性，实验过程中注意防护。
② 在甲苯溶液挥发取样的间隙配制标准系列溶液，以节省时间。
③ 使用石英比色皿测定甲苯溶液的吸光度。

3.6　数据处理

3.6.1　纯甲苯的挥发速率

绘制称量瓶内的甲苯质量随时间变化的曲线，斜率即为该容器中纯甲苯的挥发速率，再除以挥发容器的面积 A，得到单位面积上甲苯的挥发速率 Q。

称量瓶直径 $d=$ _____　　室内温度 $T=$ _____

称量瓶面积 $A=$ _____　　单位面积甲苯挥发速率 $Q=$ _____

3.6.2　测定甲苯的标准曲线

以标准系列溶液的吸光度和浓度列表作图，用 Microsoft Excel 或 Origin 软件绘制标准曲线并计算回归方程和 R^2。

3.6.3　溶液中甲苯的挥发速率

样品溶液的浓度可以根据标准曲线及回归方程由吸光度计算得到。计算甲苯在不同反应时间在溶液中的浓度，绘制 $\ln(c_0/c)$-t 关系曲线，计算回归方程和 R^2。根据回归方程求得一级挥发速率常数 k 和半衰期 $t_{1/2}$。

3.7 思考题

① 影响环境中有机污染物挥发的因素有哪些？

② 本实验中影响甲苯挥发的因素有哪些？

实验四
吹扫捕集-气相色谱-质谱联用仪
测定水中的挥发性有机物

4.1 实验目的

① 掌握吹扫捕集-气相色谱-质谱联用仪的工作原理。
② 了解挥发性有机物在水环境中的存在和迁移。
③ 掌握水体中挥发性有机物的测试方法和步骤。

4.2 实验原理

挥发性有机物（volatile organic compounds，VOCs）指的是常温下饱和蒸气压超过了 133.32 Pa、沸点在 $50\sim260℃$ 之间的各种有机化合物。VOCs 一般分为 8 类，通常包括烷烃类、烯烃类、卤代烃类、芳香烃类、酯类、醛类、酮类和其他化合物等。VOCs 可参与大气二次气溶胶的形成，并对区域大气臭氧污染和 $PM_{2.5}$ 的形成具有重要影响。除大气环境外，水体中也含有多种 VOCs，其中的苯系物、氯化物、氟化物等对人体健康具有潜在威胁。VOCs 具有脂溶性、低沸点、易挥发等特点，部分 VOCs 具有强致癌、致突变等特性，在无保护措施长期接触或 VOCs 浓度较高时，VOCs 也可对人体神经系统、免疫系统产生一定的危害，是目前备受关注的有机污染物。在自来水生产和消毒处理的过程中，会不可避免地引入或产生 VOCs，因此饮用水是人体接触 VOCs 的一个重要途径。环境水体中的 VOCs 可能来自大气 VOCs 的沉降、水体中的生物化学过程以及沉积物中的物质转化等。此外，污水处理厂的排放以及工矿废水的直接排放也将大量的 VOCs 带入自然水体中，造成水体 VOCs 污染。

气相色谱-质谱联用仪（GC-MS）是根据复杂样品中不同组分的熔沸点或极性不同，利用气相色谱对其进行分离，并使用串联的质谱仪对不同组分进行定性定量分析的仪器，被广泛地应用于化工、环境、医药等领域。气相色谱中安装特定毛细管色谱柱，利用不同物质在色谱柱上保留时间的不同，通过程序升温将混合物分离。分离后的组分进入质谱，在离子源的作用下，分子转化为带电荷的离子。之后，离子进入质量分析器，具有一定质荷比的离子被分选聚焦。最后通过检测器转化为电信号，呈现为色谱峰和质谱图。我国国家标准规定了对饮用水、环境水体及废水中 VOCs 的检测定量方法，也制定了相关的环保行业检测标准，主要包括《水质 挥发性有机物的测定 吹扫捕集/气相色谱法》（HJ 686—2014）、

《水质 挥发性有机物的测定 吹扫捕集/气相色谱-质谱法》（HJ 639—2012）、《水质 挥发性卤代烃的测定 顶空气相色谱法》（HJ 620—2011）等，其中吹扫捕集-气质联用法具有灵敏度高、重现性好、检出限低、精密度好、使用有机溶剂少、不会产生二次污染等优点，是推荐使用的高效、快速、可靠的检测方法。吹扫捕集是一种快速、高效、环境友好的进样方法，主要用于水中挥发性有机污染物的检测。其实验原理是水体中的 VOCs 经惰性气体（通常为高纯氮气或高纯氦气）不断吹扫并被吸附于捕集管后，VOCs 在水-气界面的原有分配平衡被打破，使得水体中的 VOCs 被不断"提取"出来，吹扫出的 VOCs 被捕集管不断吸附富集浓缩，将捕集管加热后并通高纯氮进行反吹，VOCs 从捕集管解吸之后送入气相色谱-质谱联用仪，经毛细管色谱柱分离后，使用质谱进行定性和定量分析。

4.3 实验器材

4.3.1 实验仪器

吹扫捕集串联气相色谱四极杆质谱分析系统如图 4-1 所示。Tekmar（泰克玛）Lumin 吹扫捕集浓缩仪由进样器、吹扫室、流量调节器、稳压阀、干燥管和捕集管等组成；Agilent（安捷伦）气相色谱-质谱联用仪（5977-7890B）由气相色谱和质谱两大部分组成，其中质谱部分主要包括离子源、质量分析器（四极杆）和检测器。其他仪器包括：Milli-Q 超纯水仪；烘箱（$\Phi = 50\text{mm}$）；孔径为 $0.22\mu\text{m}$ 的微孔滤膜过滤器；循环水真空泵；冷藏箱。

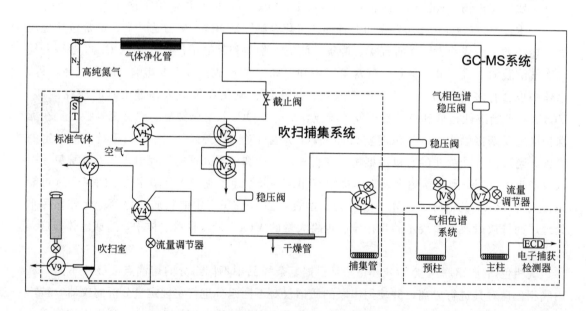

图 4-1 吹扫捕集串联气相色谱四极杆质谱分析系统

4.3.2 实验试剂及耗材

高纯氮气、$0.22\mu\text{m}$ 滤膜、40mL 样品瓶、甲醇、抗坏血酸、盐酸、4-溴氟苯（BFB）溶液（$25\mu\text{g/mL}$）。

4.4 实验内容与步骤

① 采样前所用的样品瓶使用甲醇和 Milli-Q 超纯水清洗干净后烘干备用。对于环境水体样品的采集，采样前在样品瓶中加入抗坏血酸，每 40mL 样品需加入 25mg 的抗坏血酸。如果水样中总余氯的量超过 5mg/L，应先测定总余氯，再确定抗坏血酸的加入量。在 40mL 的水样中，总余氯每超过 5mg/L，需多加 25mg 的抗坏血酸。将采集的水样注满采样瓶不留空间，并加入盐酸使水样 pH≤2，当水样加入盐酸产生大量气泡时，应弃去该样品，并重新采样，重新采集的样品不加盐酸，标注后带回实验室并在 24h 内进行分析。取样时应尽量避免或减少样品在空气中的暴露，旋紧瓶盖后立即放入冷藏箱低温保存带回实验室，在 4℃冰箱内保存，并在 14d 内进行分析，在样品保存过程中注意避免有机物的干扰。每个采样点采集 2 个平行样品，同时使用 Milli-Q 超纯水准备运输空白和过程空白，水样使用装有 0.22μm 微孔滤膜的过滤器进行抽滤，去除悬浮颗粒物等杂质。

② 使用吹扫捕集进样针吸取过滤后的水样 8mL，进样针连接吹扫捕集进样口，并打开阀门，将水样注入样品池，进样完成后关闭阀门进行吹扫捕集操作。吹扫捕集程序如下：使用高纯氮气作为吹扫气，并将其通入样品溶液进行鼓泡，其中吹扫时间设置为 11min，吹扫气流速为 40mL/min，在持续气流吹扫下，样品中的挥发性组分随吹扫气逸出，并随吹扫气进入装有吸附剂的捕集装置被浓缩捕集，干吹 1min，关闭吹扫气，切换六通阀将捕集管接入气相色谱的载气气路，同时快速加热捕集管，预脱附温度为 245℃，脱附温度为 250℃，脱附时间为 2min，烘烤温度为 280℃，烘烤时间为 2min，将挥发性组分解吸出来后随载气进入 GC-MS 进行分析，其中六通阀和传输线的温度设为 110℃。气相色谱柱为安捷伦 DB-624，其规格为 30m×0.25mm×1.4μm。色谱柱升温程序如下：初始温度为 50℃，保留时间为 0.5min，升温速率为 20℃/min，升至 220℃，保留 2min。使用电子轰击电离源（EI），溶剂延迟设为 0min，数据采集类型为全扫描模式（m/z 扫描范围：45～300），离子源温度为 230℃，四极杆温度为 150℃。

二维码4-1
吹扫捕集-气相色谱-质谱联用仪测定水中的挥发性有机物实验操作

③ 在分析前，需对 GC-MS 系统进行仪器性能检查。吸取 2μL 的 BFB 溶液加入 5mL 的空白去离子水中，通过吹扫捕集装置进样，使用 GC-MS 分析。其中质谱系统得到的 BFB 关键离子丰度应满足表 4-1 中的标准，否则需要对 GC-MS 的仪器进行校正，调整仪器参数或者清洗离子源。

表 4-1 4-溴氟苯离子丰度标准

质荷比	离子丰度标准	质荷比	离子丰度标准
05	基峰,100% 相对丰度	175	质荷比 174 的 5%～9%
96	质荷比 95 的 5%～9%	176	质荷比 174 的 95%～105%
173	小于质荷比 174 的 2%	177	质荷比 176 的 5%～10%
174	大于质荷比 95 的 50%		

17

④ 进样顺序依次为溶剂空白（纯水）、现场空白、程序空白和实际水样。

4.5 注意事项

① 采样瓶在使用前需使用去离子水煮沸 10～15min，干燥后在房间保存时，注意避免接触有机溶剂。

② 吹扫装置为手动进样方式，进样前后注意切换阀门。

③ 在 GC-MS 中注意选择进样方式为外部设备，同时需要选择正确的进样口位置，注意进样模式为分流进样，分流比为 30：1。

④ 高浓度的样品容易引起系统管路残留，在高浓度样品进样后应进一个纯水空白样品，同时在系统有污染物残留时应注意清洗吹脱管，并经常运行烘烤程序以清除捕集阱等部位的污染物。

4.6 数据处理

① 观察气质总离子流图（TIC），确定出峰个数。

② 找到目标峰，双击显示目标峰的特征离子质谱图。

③ 确定每个可定性峰的特征离子，利用安捷伦气质工作站 NIST 化学品库定性特征峰和离子对应的化合物，并填入表 4-2。

表 4-2　NIST 搜索结果表

序号	保留时间	特征离子	化合物定性	NIST 拟合度

4.7 思考题

① 吹扫捕集气质联用仪的应用领域和范围分别是什么？

② 传统的液液萃取法是否适合水体中 VOCs 的测定？除吹扫捕集外，还有哪些前处理方法适用于水体中 VOCs 的测定？

③ 参照表 4-3，请思考如何对水中的这些挥发性有机物进行后续的定量分析。

表 4-3　部分挥发性有机物的特征离子

中文名	定量离子质荷比	辅助定性离子质荷比	中文名	定量离子质荷比	辅助定性离子质荷比
苯	78	77,52	三氯乙烯	95	130,132
乙苯	91	106	四氯乙烯	166	164,131
氯苯	112	77,114	二氯甲烷	84	86,49
吡啶	79	52,51	四氯化碳	117	119,121

实验五
摇瓶法测定对二甲苯和萘的辛醇-水分配系数

5.1 实验目的

① 了解测定有机化合物的辛醇-水分配系数（K_{ow}）的意义和方法。

② 掌握用摇瓶法测定 K_{ow} 的操作技术。

5.2 实验原理

正辛醇（n-octanol）是一种长链脂肪醇，物理化学性质与生物体内的糖类和脂肪类似，因此，有机物的辛醇-水分配系数（K_{ow}）是衡量其脂溶性大小的重要理化参数。研究表明，有机物的 K_{ow} 与水溶解度、生物富集系数及土壤和沉积物吸附系数均有很好的相关性，有机物的生物活性也与 K_{ow} 密切相关。所以，K_{ow} 在有机物的生态风险评估中具有重要意义。

分配系数是受试化合物在互不相溶的两相介质中达到平衡时的浓度之比。辛醇-水分配系数（K_{ow}）是受试化合物在辛醇-水两相介质中达到平衡时的浓度之比，通常以对数形式（$\lg K_{ow}$）表示。它反映了化合物在水相和有机相之间的迁移能力，是描述有机化合物环境行为的重要理化参数。化合物分配系数的测定可提供该化合物环境行为的重要信息。K_{ow} 值可以通过模型根据化合物分子结构的碎片常数进行推算，也可以通过实验进行测定。K_{ow} 的实验测定方法有摇瓶法、产生柱法、高效液相色谱法等。

化合物在辛醇相中的平衡浓度与水相中该化合物非离解形式的平衡浓度的比值即为该化合物的 K_{ow}。

$$K_{ow} = \frac{c_o}{c_w} \tag{5-1}$$

式中　c_o——该化合物在辛醇相中的平衡浓度；

　　　c_w——该化合物在水相中的平衡浓度；

　　　K_{ow}——该化合物的辛醇-水分配系数。

本实验通过测定水相中的有机物浓度，然后根据分配前化合物在辛醇相中的浓度以及分配后化合物在水相中的浓度，计算分配后化合物在辛醇中的浓度，得到 K_{ow}。

5.3　实验仪器与试剂

5.3.1　实验仪器

离心机、恒温振荡器、紫外可见分光光度计、分析天平、10mL 和 25mL 容量瓶、移液管、50μL 微量注射器、10mL 具塞离心管、滴管、具塞分液漏斗、铁架台、铁圈。

5.3.2　实验试剂

水饱和的正辛醇（简称正辛醇）和正辛醇饱和水（简称饱和水）：按照 1∶10 的体积比将正辛醇与蒸馏水混合，充分振荡使两者互相饱和，静置分层后两相分离，分别保存备用。（注：平衡后在正辛醇中会溶解 25％的水，在水相中会溶有不到 1％的正辛醇，这对受试化合物在两相的分配有重大影响。）

乙醇（95％）、对二甲苯（分析纯）、萘（分析纯）。

5.4　实验内容与步骤

5.4.1　标准曲线的绘制

（1）对二甲苯

移取 1.00g（记录准确质量）对二甲苯于 10mL 容量瓶中，用乙醇稀释至刻度，摇匀。取该溶液 0.10mL 于 25mL 容量瓶中，再以乙醇稀释至刻度，摇匀，此时浓度为 $400μg/mL$。在 5只 25mL 容量瓶中各加入该溶液 1.00mL、2.00mL、3.00mL、4.00mL、5.00mL，用水稀释至刻度，摇匀。在紫外可见分光光度计上，选择波长为 227nm，以水为参比，测定标准系列溶液的吸光度 A。以 A 对浓度 c 作图，即得对二甲苯的标准曲线。

（2）萘

称取 0.02g（记录准确质量）萘，用乙醇溶解后转入 10mL 容量瓶中，振荡至萘溶解并稀释到刻度，此时浓度为 $2000μg/mL$。用微量注射器吸取该溶液 10μL、20μL、30μL、40μL、50μL 于 10mL 容量瓶中，加水稀释至刻度，摇匀。在紫外可见分光光度计上，选择波长为 278nm，以水为参比，测定标准系列溶液的吸光度 A。以 A 对浓度 c 作图，即得萘的标准曲线。

5.4.2　K_{ow} 的测定

（1）对二甲苯

移取 0.40g 对二甲苯于 10mL 容量瓶中，用正辛醇稀释至刻度，配成浓度为 $4×10^4 μg/mL$ 的溶液。取此溶液 1.00mL 于 10mL 具塞离心管中，准确加入 9.00mL 饱和水，拧紧盖子，平放并固定在恒温振荡器上［（25±0.5）℃］振荡 30min。然后以 2000r/min 的转速离心分离 5min，用滴管小心吸去上层正辛醇，在 227nm 下测定水相吸光度，由标准曲线查出其浓度。平行做三份，同时做试剂空白试验。

（2）萘

二维码5-1
摇瓶法测定对二甲
苯和萘的辛醇-水
分配系数

称取 0.07g 萘，用正辛醇溶解后转入 10mL 容量瓶中，振荡至萘溶解并稀释至刻度，配成 7000μg/mL 的溶液。取此溶液 1.00mL 于 10mL 具塞离心管中，加入 9.00mL 饱和水，拧紧盖子，平放并固定在恒温振荡器上 [（25± 0.5）℃] 振荡 1h。然后离心分离，用滴管小心吸去上层正辛醇，在 278nm 下测定水相吸光度，由标准曲线查出其浓度。平行做三份，同时做试剂空白试验。

5.5 注意事项

① 对二甲苯和萘具有一定的毒性，实验过程中注意防护。
② 在恒温振荡器上振荡时，可以将离心管放入密封袋中，以防漏液。
③ 正辛醇具有强烈、持久的气味，应将所有含正辛醇的废液倒入废液桶。

5.6 数据处理

辛醇-水分配系数的计算公式是：

$$K_{ow} = \frac{c_0 V_0 - c_a V_a}{c_a V_0}$$

(5-2)

式中　c_0——辛醇相初始浓度；

　　　c_a——平衡后水相的浓度；

　V_0，V_a——辛醇相和水相的体积。

5.7 思考题

① K_{ow} 可以利用数学模型模拟获得，查阅文献试列举推测 K_{ow} 的模型或软件，并利用数学方法预测对二甲苯的 K_{ow} 及其他物理化学性质。
② 推测萘、菲、芘、苯并 [a] 芘的辛醇-水分配系数的相对大小并说明原因。

实验六
产生柱法测定萘的水溶解度

6.1 实验目的

① 了解测定有机化合物水溶解度的意义和方法。
② 了解产生柱法和其他方法相比的优点。
③ 掌握产生柱法测定水溶解度的操作方法。

6.2 实验原理

有机化合物的水溶解度是影响其在环境中迁移转化的一个重要参数。因为有机物的水溶解度决定有机物的水溶解态和颗粒物吸附态的比例，所以有机物的水溶解度影响其随水的迁移距离、通过湿沉降向地表的迁移、在悬浮颗粒物和沉积物及土壤上的吸附和解吸、向地下水渗滤及从地表挥发进入大气等环境行为，对有机物的水解、光解、氧化还原和生物降解等转化过程也产生间接影响。因此，有机物的水溶解度对其环境归趋和风险产生重要影响，是化合物一个重要的环境参数。各种有机化合物的水溶解度相差很大，可以相差 10 个数量级，从 $10^{-10}\,mol/L$ 到可以任意比例溶于水。

对水溶解度较高的有机物，一般使用摇瓶法（shake flask method），将化合物纯物质直接溶解在水中，通过温和振荡或搅拌达到平衡，然后测定水中目标化合物的含量。该方法不适用于水溶解度较低的化合物。

本实验用另一种水溶解度测定方法——产生柱法（generator column method）。在玻璃柱中填充固体载体（石英砂等），在载体上吸附目标化合物，让水以合适的、较慢的流速流经载体，达到平衡，然后测定流出液中目标化合物的浓度。该方法适用于水溶解度较低的有机物。

本实验在石英砂上吸附过量的萘，将吸附萘的石英砂填充于玻璃柱中，让水在恒温条件下通过石英砂，便萘从石英砂向水溶解直至饱和，由此求得溶解度。

产生柱法和摇瓶法相比，更简便、快速、准确，克服了摇瓶法周期长、测定物发生水解和光解、溶液易浑浊而影响实验结果准确性的缺点。

6.3 实验仪器与试剂

6.3.1 实验仪器

紫外分光光度计、超级恒温水浴锅、产生柱（可通循环水的玻璃柱，带砂芯，内径 15mm，长 30cm）、分析天平、10mL 量筒、50mL 量筒、10mL 容量瓶、100mL 小烧杯、石英比色皿、微量注射器（50μL）、漏斗。

6.3.2 实验试剂

石英砂（分析纯，20～40 目）、萘（分析纯）、95％乙醇、丙酮（分析纯）。

6.4 实验内容与步骤

6.4.1 配制萘标准系列溶液并测定吸光度

称取 0.0200g 萘，用 95％乙醇溶解并定容于 10mL 容量瓶中，用微量注射器吸取 10μL、20μL、30μL、40μL、50μL 上述萘的乙醇溶液于 10mL 容量瓶中，用蒸馏水定容，摇匀，形成标准系列溶液。在波长 278nm 下，以水作参比，用紫外分光光度计测定标准系列溶液的吸光度，在表 6-1 中记录数据。

表 6-1　萘标准系列溶液浓度及吸光度数据

加入萘标准系列溶液体积/μL	10	20	30	40	50
萘浓度/(mg/mL)					
吸光度					

6.4.2 萘的水溶解度的测定

称取 0.1g 萘，置于 100mL 小烧杯中，加入 10mL 丙酮，加入 30g 石英砂，在通风橱中不断搅拌至丙酮全部挥发，将石英砂装入产生柱中，在产生柱夹层通入恒温 30℃的循环水，将 50mL 蒸馏水慢慢加入产生柱的石英砂层中，弃去最开始流出的 10mL 溶液，后面的溶液不断循环通过产生柱，每 20min 取水样 1.0mL，用蒸馏水定容于 10mL 容量瓶中，测定其吸光度，直至水样的吸光度基本保持不变，在表 6-2 中记录数据。

二维码6-1
产生柱法测定萘的水溶解度（分光光度计测定参考其他实验视频）

表 6-2　萘的水溶解度数据

取样时间 t/min	20	40	60	80	100	120	···
吸光度							
萘浓度/(mg/mL)							

6.5　注意事项

① 循环水流速尽量平稳，液面高度不低于石英砂层的上表面。

② 填充产生柱时应尽量紧密，可轻轻敲打产生柱。

③ 对于难溶性化合物，在不同的实验室，用不同实验方法得出的数据可能相差 2～3 倍，甚至可能超过一个数量级，对于这种情况，可以用结构或性质相似的化合物进行实验，加以校正。

6.6　数据处理

（1）绘制标准曲线

以萘标准系列溶液的浓度为横坐标，以吸光度为纵坐标，用 Excel 软件或其他软件绘制标准曲线，得到标准曲线的回归方程。

（2）绘制萘的饱和过程曲线

根据标准曲线对应的回归方程，计算出各时间点水样中萘的浓度，记录在表 6-2 中。以时间 t（min）为横坐标，以水溶液中萘的浓度（mg/mL）为纵坐标，绘制萘的饱和过程曲线，得到接近饱和时间达到平衡的水溶解度。

6.7　思考题

① 分析绘制的饱和过程曲线及得到此图形的原因。

② 分析比较产生柱法和摇瓶法各自的优缺点。

实验七
有机污染物在硅胶上的吸附

7.1 实验目的

① 了解有机污染物在硅胶上吸附的原理。
② 掌握研究有机污染物吸附的实验技术。

7.2 实验原理

吸附和解吸附是污染物在环境中最基本的迁移转化过程，决定污染物的赋存状态。吸附/解吸附研究对于获得关于化学物质迁移率以及它们在土壤、水和空气等构成的环境多介质中分布的必要信息很有帮助。这些信息可以在预测和估计物质的化学及生物降解的可能性、在生物体的转化和吸收、土壤透过率、在土壤中的挥发性以及水土流失率中使用。

化学物质在土壤和水相之间的分布是一个复杂过程，取决于许多不同因素，包括目标物质的化学性质、土壤的特性以及气候因素。因此，在土壤吸附特定化学物质过程中涉及的许多现象和机制都不能完全通过一种简化的实验室模型来描述。土壤的有机质含量、黏土含量、土壤质地和 pH 会影响化学物质在土壤中的吸附系数。因此，使用不同类型的土壤，可以更广泛地涵盖化学物质与土壤的相互作用机制。土壤颗粒组成变化十分复杂，研究中还常利用模型吸附剂模拟土壤的某种性质，以揭示吸附的微观机制。硅胶颗粒可以模拟土壤颗粒的微孔以及表面极性基团产生的极性作用，用于机制研究。

多环芳烃（PAHs）是一类重要的污染物，广泛存在于水、大气、土壤、食品等环境介质中。PAHs 还是最早被发现的化学致癌物之一，某些种类的 PAHs 或其代谢物能够诱导生物体产生癌症。我国已经颁布了代表性 PAHs 在水、大气和食品中的浓度限量标准。萘（naphthalene）是分子量最低的多环芳烃，其结构如图 7-1（a）所示，分子量为 128，溶解度相对较大，约为 32mg/L。阿特拉津（atrazine，2-氯-4-乙氨基-6-异丙氨基-1,3,5-三嗪）是一种被世界各国广泛使用的除草剂，是一种内分泌干扰物。它的分子式为 $C_8H_{14}ClN_5$，分子量为 216，结构如图 7-1（b）所示。它在环境中相对稳定，半衰期较长，具有较高的溶解度，所以经常在地表水和饮用水中被检测到。

吸附等温线是描述有机污染物吸附的重要曲线，表示在一定温度下吸附达平衡，吸附剂上吸附态污染物的浓度与溶液相平衡浓度的相互关系。通常可以采用 Freundlich 方程

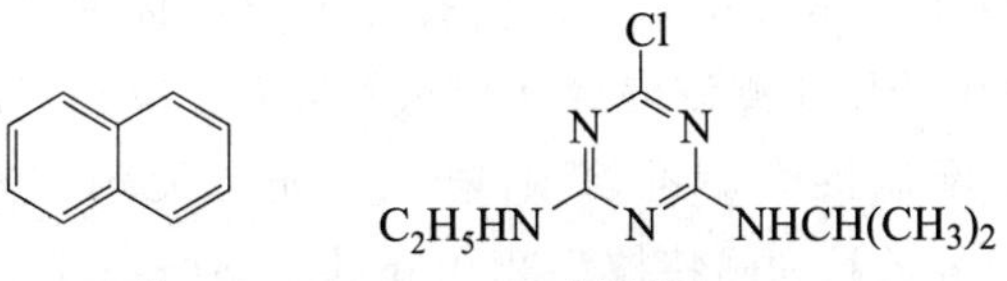

(a) 萘   (b) 阿特拉津

图 7-1 萘和阿特拉津分子结构

和 Langmuir 方程描述吸附等温线，分别对应多过程参与的吸附及表面单分子层吸附。Freundlich 方程的一般形式为：

$$Q = K_F c^{1/n} \tag{7-1}$$

式中　Q——吸附量，mg/g；

$\quad\quad c$——吸附平衡时溶液浓度，mg/L；

K_F，n——常数，其数值与吸附剂和溶液的性质以及环境温度等因素有关。

将 Freundlich 方程两边取对数，可得线性方程：

$$\lg Q = \lg K_F + (1/n)\lg c \tag{7-2}$$

以 $\lg Q$ 对 $\lg c$ 作图可以求得常数 K_F 和 n，将 K_F、n 带入 Freundlich 方程，可以确定该条件下的 Freundlich 方程，从而确定吸附量和平衡浓度之间的函数关系。

本实验选取 PAHs 代表物质萘和除草剂阿特拉津作为研究对象，研究有机污染物在硅胶上的吸附行为。研究表明，有机污染物的吸附过程分为快吸附和慢吸附两个过程，快吸附通常需要几个小时或几天，慢吸附则需要十几天、几个月或几年。据推测，在初始阶段，污染物吸附到土壤的表面和其中较大的孔中，之后逐渐进入微孔或腐殖质中。本实验使用代表性吸附剂硅胶对有机污染物萘和阿特拉津进行吸附，从而研究它们的吸附机理。

7.3　实验仪器与试剂

7.3.1　实验仪器

高效液相色谱仪（HPLC）、磁力搅拌器、分析天平、$10\mu L$ 液相色谱进样针、玻璃注射器、$0.45\mu m$ 微孔滤头、容量瓶、移液管、100mL 烧杯、培养皿、样品瓶。

7.3.2　实验试剂

萘储备液（2000mg/L 的甲醇溶液）：称取 0.2000g 萘，用 100mL 甲醇定容。
阿特拉津储备液（2000mg/L 的甲醇溶液）：称取 0.2000g 阿特拉津，用 100mL 甲醇定容。
甲醇（色谱纯）、超纯水、硅胶（粗孔，200～300 目）。

7.4　实验内容与步骤

7.4.1　标准溶液配制

混合标准溶液的配制：吸取 0.25mL 萘储备液和 0.5mL 阿特拉津储备液，用蒸馏水定容至 100mL，得到含 5mg/L 萘和 10mg/L 阿特拉津的混合标准溶液 5。取 50mL 混合标准溶液 5 进行吸附实验，剩余的用于配制混合标准系列溶液。取一定体积的混合标准溶液 5 定容至 10mL 容量瓶，依次配制混合标准溶液 1～4，充分混匀，其中分别含萘 1.0mg/L、2.0mg/L、3.0mg/L、4.0mg/L 和阿特拉津 2.0mg/L、4.0mg/L、6.0mg/L、8.0mg/L。

7.4.2 萘和阿特拉津在硅胶上的吸附

取 50mL 混合标准溶液 5 转入 100mL 烧杯中。再称取 0.50g 硅胶加入烧杯中，烧杯口盖上培养皿，开始磁力搅拌并计时。分别在 10min、20min、30min、50min、90min 时用注射器吸取 1mL 溶液，用 0.45μm 微孔滤头将溶液过滤至样品瓶。

7.4.3 液相色谱法测定

待吸附实验中 5 个样品都取出后，用 HPLC 分析标准系列溶液和样品溶液。分析条件：Symmetry C$_{18}$ 色谱柱（4.6mm×150mm×5μm），流动相为甲醇：水＝80：20（体积比），流速 1.0mL/min，紫外光吸收检测器调至波长为 220nm，用液相色谱进样针进样 10μL，运行时间为 8min。色谱图中先出峰的是阿特拉津，后出峰的是萘。以保留时间定性，以峰面积定量。

二维码7-1
有机污染物在硅胶
上的吸附实验操作

7.5 注意事项

① 萘和阿特拉津具有一定的毒性，实验过程中注意防护。
② 在吸附实验过程中进行标准系列溶液和样品的液相色谱测定，以节省时间。
③ 液相色谱仪使用过程中要严格遵守操作规程。

7.6 数据处理

在表 7-1 中记录标准溶液的配制和 HPLC 测定结果，根据所得结果分别作出萘和阿特拉津的标准曲线。根据所得的标准曲线，作出溶液中萘和阿特拉津的浓度随时间变化的曲线以及硅胶对它们的吸附率随时间变化的曲线。

表 7-1　标准溶液的配制和 HPLC 测定结果

混合标准溶液	1	2	3	4	5
吸取混标溶液体积/mL					
萘浓度/(mg/L)	1.0	2.0	3.0	4.0	5.0
萘峰面积					
阿特拉津浓度/(mg/L)	2.0	4.0	6.0	8.0	10.0
阿特拉津峰面积					

7.7 思考题

① 简述硅胶对有机污染物的吸附机理。

② 本实验中所用的是正相 HPLC 还是反相 HPLC? 为什么?

③ 溶液中萘浓度的减少除了硅胶的吸附外，还有其他环境化学途径吗?

实验八
天然水中 Cr（Ⅲ）的沉积曲线

8.1 实验目的

① 了解天然水中 Cr（Ⅲ）的沉积原理。

② 绘制天然水中 Cr（Ⅲ）的沉积曲线，找出该水中 Cr（Ⅲ）沉积所需的最低 Cr（Ⅲ）浓度。

8.2 实验原理

铬具有质硬而脆、耐腐蚀等优良特性，因此被广泛应用于冶金、化工、铸铁及高精端科技等领域。铬盐在工业生产中用途极为广泛，主要用于电镀、鞣革、印染、医药、燃料、催化剂、氧化剂、火柴及金属缓蚀剂等方面。环境中的铬主要来源于这些行业生产排放的废水，既有 Cr（Ⅲ），也有 Cr（Ⅵ）。

Cr（Ⅵ）相对比较容易被有机物及其他还原剂还原，所以排放废水中的铬主要为 Cr（Ⅲ），这些 Cr（Ⅲ）主要以胶体状态存在，易被其他颗粒物吸附，也能通过自身的聚集而沉于水底。因此，工业废水中的 Cr（Ⅵ）被还原成 Cr（Ⅲ），Cr（Ⅲ）形成沉淀沉积下来，是污染源排入环境中的铬的主要自净和归趋过程。天然水中铬含量较低，主要因为当铬以 Cr（Ⅲ）形态存在时形成了溶解度较低的水合氧化物。图 8-1 为 Cr 的 pH-pE 示意图。

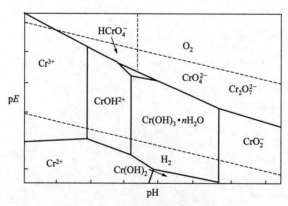

图 8-1 Cr 的 pH-pE 示意图

本实验将 Cr（Ⅲ）水溶液加入天然水中，观察 Cr（Ⅲ）的沉积量（或溶解量）。如图 8-2 所示，当向水中加入 Cr（Ⅲ）水溶液时，沉积量开始一段变化不大。但当加入量达到某一值时，沉积量呈线性增加。此时，直线反向延伸后与横轴的交点（c_x）可以认为是该天然水中使 Cr（Ⅲ）形成沉淀时所需 Cr（Ⅲ）的最低浓度。

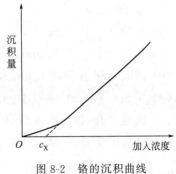

图 8-2　铬的沉积曲线

8.3　实验仪器与试剂

8.3.1　实验仪器

紫外可见分光光度计、微孔滤膜过滤器（配 $0.45\mu m$ 直径 50mm 滤膜）、微孔滤膜过滤器（微量型，配 25mL 小滤杯、$0.45\mu m$ 直径 25mm 滤膜）、电子天平、100mL 锥形瓶、50mL 比色管、100mL 容量瓶、500mL 烧杯、移液管（1mL、2mL、5mL、10mL、20mL、50mL）、1cm 比色皿、玻璃珠、玻璃滴管。

8.3.2　实验试剂

① $CrCl_3 \cdot 6H_2O$。

② H_2SO_4（1+1）。

③ H_3PO_4（1+1）。

④ Cr（Ⅵ）标准储备液（0.2mg/mL）：称取于 120℃ 干燥 2h 的重铬酸钾（优级纯）0.5658g，用去离子水溶解，转移至 500mL 容量瓶中，用水稀释至刻度，摇匀。

⑤ Cr（Ⅵ）标准溶液（$2\mu g/mL$）：取 1.00mL Cr（Ⅵ）标准储备液于 100mL 容量瓶中，用去离子水稀释至刻度，摇匀。

⑥ 40g/L $KMnO_4$ 溶液。

⑦ 10g/L $NaNO_2$ 溶液。

⑧ 显色剂：称取二苯碳酰二肼 0.2g，溶于 50mL 丙酮中，转移至 100mL 容量瓶，用去离子水稀释至刻度，摇匀，置于棕色细口瓶中，冷藏于冰箱中，颜色变深后不能使用。

⑨ 200g/L 的尿素溶液。

8.4　实验内容与步骤

8.4.1　过滤天然水

用微孔滤膜过滤器（$0.45\mu m$，直径 50mm）滤出 350mL 天然水备用。

8.4.2　配制不同浓度的 Cr（Ⅲ）溶液

在电子天平上称取 0.2g $CrCl_3 \cdot 6H_2O$，于烧杯中用去离子水溶解后，转移至 100mL 容量瓶中，定容。此溶液 Cr（Ⅲ）浓度为 $400\mu g/mL$，称为 A 溶液。使用该溶液配制下述

（a）～（f）溶液。

    （a）溶液：移 A 溶液 10mL，用去离子水稀释并定容至 100mL。

    （b）溶液：移 A 溶液 5mL，用去离子水稀释并定容至 100mL。

    （c）溶液：移 A 溶液 2.5mL，用去离子水稀释并定容至 100mL。

    （d）溶液：移（a）溶液 10mL，用去离子水稀释并定容至 100mL。

    （e）溶液：移（a）溶液 5mL，用去离子水稀释并定容至 100mL。

    （f）溶液：移（a）溶液 2.5mL，用去离子水稀释并定容至 100mL。

8.4.3 配制反应液

取 6 个 100mL 锥形瓶，做好标记。第一个瓶中移入 1mL 含 Cr（Ⅲ）的（a）溶液，第二个瓶中移入（b）溶液，依此类推。再分别加入 50mL 过膜后的天然水，放在振荡器里振荡 0.5h。

8.4.4 配制 Cr（Ⅵ）标准系列溶液

在振荡过程中，取 6 支 50mL 比色管，分别移入 0mL、2.00mL、4.00mL、6.00mL、8.00mL、10.00mL 2μg/mL Cr（Ⅵ）标准溶液，再各加入 20mL 去离子水，各加入 0.5mL H_2SO_4（1+1）和 0.5mL H_3PO_4（1+1），摇匀后用去离子水稀释到刻度线，再摇匀。向各管中加入 2mL 显色剂，摇匀，5～10min 后用 1cm 比色皿比色，在紫外可见分光光度计上于 540nm 波长处，以去离子水作参比，测定吸光度。数据记入表 8-1 中。

表 8-1　标准系列溶液吸光度数据

加入 Cr（Ⅵ）标准溶液体积/mL	0	2.00	4.00	6.00	8.00	10.00
标准系列溶液 Cr 加入量/μg						
标准系列溶液吸光度						

8.4.5 未过滤及过滤反应液

取 12 个锥形瓶，分两批做好标记，自第 8.4.3 节中 6 瓶振荡完毕的反应液中各移出 20mL 到相应的锥形瓶内，剩余的反应液分别用微孔滤膜过滤器抽滤，再从 6 瓶滤液中分别移出 20mL 滤液到 6 个相应的锥形瓶内。

8.4.6 将反应液中的 Cr（Ⅲ）转化为 Cr（Ⅵ）

往上述 12 个锥形瓶内各加入 4 粒玻璃珠、0.5mL H_2SO_4（1+1）及 0.5mL H_3PO_4（1+1）、4 滴 40g/L $KMnO_4$ 溶液，煮沸后使红色始终保持。取下冷却，加入 1mL 200g/L 尿素溶液，摇匀。再滴加 $NaNO_2$ 溶液，每加一滴摇动 30s，至红色刚好褪去为止，切勿过量。然后将各瓶溶液分别转入 50mL 比色管中，并用去离子水洗涤锥形瓶，将洗涤液转入比色管内，稀释至刻度线，再各加 2mL 显色剂，摇匀。

二维码8-1
天然水中Cr（Ⅲ）的
沉积曲线实验操作

8.4.7　测定反应溶液的吸光度

用 1cm 比色皿在紫外可见分光光度计上于 540nm 波长处以去离子水作参比，测定反应液的吸光度。数据记入表 8-2 中。

表 8-2　反应液吸光度数据

编号		1	2	3	4	5	6
反应液吸光度	未过滤						
	过滤后						

8.5　数据处理

8.5.1　绘制 Cr（Ⅵ）标准曲线

根据表 8-1 中的数据，以 Cr（Ⅵ）标准系列溶液中的 Cr 加入量（μg）为横坐标，以溶液吸光度为纵坐标，绘制标准曲线，得到回归方程。

8.5.2　计算反应液 Cr 加入的浓度和沉积量

利用回归方程，由反应液吸光度计算未过滤和过滤后（溶解态）各瓶溶液含 Cr 量（μg），再换算成 Cr 浓度。数据记入表 8-3 中。

表 8-3　反应液 Cr 的浓度及沉积量

编号	1	2	3	4	5	6
未过滤-加入/μg						
过滤后-溶解态/μg						
沉积量/μg						
未过滤-加入 c_X/(μg/mL)						

8.5.3　作图求出 c_X

以 Cr 加入浓度为横坐标，以沉积量为纵坐标作图，求出 c_X。

8.6　思考题

① 煮沸时若红色褪去，为何要补加 $KMnO_4$ 溶液？

② 滴加 $NaNO_2$ 溶液时为何要慢慢加入，且不能过量？

③ 请分析做好该实验的几个关键步骤。

④ 查阅文献，总结不同形态 Cr 的毒性。

实验九
天然沸石对水中氨氮的去除

9.1 实验目的

① 理解和掌握柱吸附实验的方法和原理。
② 了解天然沸石去除氨氮的原理。

9.2 实验原理

氨氮是水体中常见的污染物，人类活动是氨氮排放的重要来源。人类及动物的粪便中有机物含氮量高于植物，并且不稳定，极易分解为氨氮。生活垃圾中的食品残渣在有机体的分解作用下产生氨氮，同时农田中氮肥也会分解产生氨氮。除人类活动外，氨氮的其他来源也非常广泛。化工制药、印染、制革、垃圾填埋、冶金、玻璃、石油化工、肉类加工和饲料生产等行业的氨氮排放量也逐渐增加。氨氮随工业废水和生活污水进入河流、湖泊等水体，使水体产生富营养化，对生态环境和人体健康构成危害。水中氨氮以游离态氨和离子态铵形式存在。氨氮中的游离氨对水生动植物的危害较大，当氨氮过量排放时，蓝藻等藻类生长迅速，产生水华。藻类和浮游植物死亡后被微生物分解，使水体溶解氧含量下降，并产生硫化氢等有毒气体，使水体变臭发黑，水质下降，导致鱼类等水生生物死亡。

常用的去除水中氨氮的技术可以分为物理法、化学法和生物法。物理法是将氨氮转变为气体或可交换固态，通过吹脱、吸附或离子交换去除。化学法是利用离子间的反应将氨氮变成沉淀。生物法是利用硝化与反硝化过程将水中的氨氮还原为氮气去除。

利用吸附法去除水中的氨氮，受温度影响小、成本低、操作简单、去除效果好，具有较好的应用前景。天然沸石是沸石族矿物的总称，是硅酸盐中最大的一类矿物。天然沸石是呈骨架状结构的多孔性含水铝硅酸盐晶体，由铝氧四面体或硅氧四面体组成。这些四面体单元连接形成各式各样的网状结构，网状结构之间形成许多孔穴和孔道。天然沸石含有 K^+、Na^+、Ca^{2+} 等可交换阳离子，极易与周围水溶液里的阳离子发生交换作用，具有较好的吸附性能和阳离子交换性能，可以用于去除污水中的重金属离子和氨氮。天然沸石具有较大的比表面积，内部孔道密集，具有选择性吸附性能。天然沸石类矿物因具有独特的结构特征，从而具有特殊的吸附能力和离子交换能力，使其可以在氨氮废水处理中发挥重要的作用。我国有极为丰富的沸石资源，沸石成本低廉，储量丰富。本实验采用柱吸附实验研究天然沸石对水中氨氮的去除。

9.3　实验仪器与试剂

9.3.1　实验仪器

蠕动泵、吸附柱、紫外可见分光光度计、电子天平、10mL 量筒、25mL 比色管、移液管、100mL 容量瓶、100mL 烧杯、1000mL 容量瓶。

9.3.2　实验试剂

天然沸石：过筛。

纳氏试剂：称取 16g NaOH 溶于水中，充分冷却至室温。另称取 7g KI 和 10g HgI_2 溶于水，然后将此溶液在搅拌下徐徐注入 NaOH 溶液中，用水稀释至 100mL，贮于聚乙烯瓶中，密封保存。也可以直接订购纳氏试剂。

酒石酸钾钠（$KNaC_4H_4O_6 \cdot 4H_2O$）溶液：称取 50g $KNaC_4H_4O_6 \cdot 4H_2O$ 溶于 100mL 水中，加热煮沸以除去氨，放冷定容至 100mL。

铵标准储备溶液（1.00mg/mL）：称取 3.819g 经 100℃ 干燥过的优级纯 NH_4Cl 溶于水中，移入 1000mL 容量瓶中定容。

9.4　实验内容与步骤

9.4.1　绘制标准曲线

吸取 2.00mL 铵标准储备溶液移入 100mL 容量瓶，定容后混匀，得到铵标准使用溶液（0.020mg/mL）。吸取 0mL、0.50mL、1.00mL、3.00mL、5.00mL、7.00mL 和 10.00mL 铵标准使用溶液于比色管中，定容至 25mL。加入 0.5mL 酒石酸钾钠溶液，混匀。加入 0.75mL 纳氏试剂，混匀。放置 10min 后在 420nm 处以水为参比测定吸光度，将数据记入表 9-1。由测得的吸光度减去零浓度空白的吸光度，得到校正吸光度，绘制标准曲线。

9.4.2　沸石去除氨氮的柱吸附实验

称取 0.40g 天然沸石装入吸附柱中。蠕动泵以 10.0r/min 转速使剩余的铵标准使用溶液流入沸石吸附柱中（图 9-1）。用量筒接取 5.0mL 流出液倒入比色管中，连续接取 10 个样品，分别定容至 25mL。后面步骤与绘制标准曲线的方法相同。将数据记入表 9-2。

二维码9-1
天然沸石对水中氨
氮的去除实验操作

9.5　注意事项

① 纳氏试剂具有一定的毒性，实验过程中注意防护，避免接触。

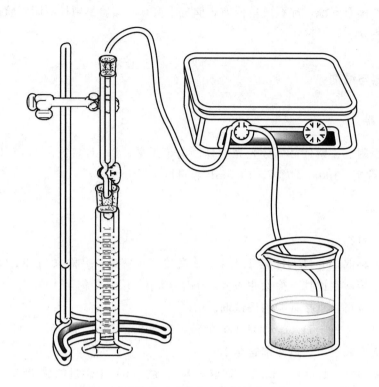

图 9-1　天然沸石吸附水中氨氮的实验装置

② 在柱吸附实验的间隙配制标准系列溶液，以节省时间。

9.6　数据处理

① 记录氨氮标准溶液吸光度数据（表 9-1）并绘制标准曲线。

表 9-1　氨氮标准溶液浓度及吸光度

编号	1	2	3	4	5	6	7
氨氮浓度/(mg/L)							
吸光度							

② 记录流出液中氨氮的吸光度数据（表 9-2），绘制氨氮浓度随流出液体积的变化曲线。绘制天然沸石对氨氮的去除率随流出液体积的变化曲线。使用 Microsoft Excel 或 Origin 软件绘制，图表应准确规范。

表 9-2　流出液体积及吸光度

编号	1	2	3	4	5	6	7	8	9	10
体积/mL	5	10	15	20	25	30	35	40	45	50
吸光度										

9.7　思考题

① 天然沸石去除氨氮的原理是什么？

② 天然沸石去除氨氮的影响因素有哪些？这些因素如何影响氨氮的去除？

实验十
邻苯二甲酸酯的水解

10.1　实验目的

① 了解邻苯二甲酸酯水解的基本原理。
② 掌握研究有机污染物水解的实验方法和技术。

10.2　实验原理

有机污染物在水环境中发生各种迁移转化过程，诸如挥发、微生物降解、光降解以及吸附等。水解是有机污染物转化的重要途径，近年来的研究表明，水体中有机污染物的水解受到 pH、溶解性过渡金属离子、金属氧化物、温度等环境条件的影响。

水中有机污染物的水解符合一级动力学方程，其水解速率常数可通过实验求得，其数值的大小受 pH 等因素的影响。测定水中有机污染物的水解速率，对研究其在环境中的归趋具有重要意义。

邻苯二甲酸酯是邻苯二甲酸形成的酯的统称，是一类重要的塑化剂。邻苯二甲酸酯是一类能起到软化作用的化学品，主要用于使聚氯乙烯材料由硬塑胶变为有弹性的塑胶，起到增

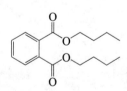

图 10-1　邻苯二甲酸
二丁酯分子结构

塑剂的作用。它被普遍应用于玩具、食品包装材料、医用血袋和胶管、乙烯地板和壁纸、清洁剂、润滑油、个人护理用品（如指甲油、头发喷雾剂、香皂和洗发液）等数百种产品中。邻苯二甲酸酯对人体健康的负面影响引起了越来越多的关注，邻苯二甲酸酯是内分泌干扰物和致癌物。邻苯二甲酸二丁酯（DBP，结构如图 10-1 所示）是一种重要的增塑剂，还可用作溶剂和气相色谱固定液。它的急性和慢性毒性都很低，可能具有内分泌干扰物的性质。

邻苯二甲酸酯在酸性和碱性条件下可以发生水解反应，生成邻苯二甲酸和相应的醇。本实验以 DBP 作为反应物，研究其在碱性条件下的水解。

水体中有机污染物的水解符合一级动力学方程，即：

$$-\frac{\mathrm{d}c}{\mathrm{d}t}=kc \tag{10-1}$$

式中　k——水解速率常数；

38

c——水中有机物的浓度；

t——水解时间。

由式（10-1）可得：

$$\ln \frac{c_0}{c} = kt \qquad\qquad (10\text{-}2)$$

由此可求得有机物水解掉一半所需的时间（$t_{1/2}$）为：

$$t_{1/2} = \frac{0.693}{k} \qquad\qquad (10\text{-}3)$$

10.3　实验仪器与试剂

10.3.1　实验仪器

高效液相色谱仪（HPLC）、分析天平、磁力搅拌器、容量瓶、烧杯、移液管、0.45μm 微孔滤头、样品瓶、注射器。

10.3.2　实验试剂

邻苯二甲酸二甲酯（DMP）储备液（1000mg/L）、邻苯二甲酸二丁酯（DBP）储备液（1000mg/L）、甲醇（色谱纯）、0.1mol/L NaOH、0.1mol/L HNO_3。

10.4　实验内容与步骤

10.4.1　标准曲线绘制

混合标准溶液的配制：吸取适当体积的 DMP 和 DBP 储备液，用蒸馏水定容至 100mL。将混合标准溶液逐步稀释为标准系列溶液，浓度如表 10-1 所示，体积为 10mL。另外配制 3 个 100mL 混合标准溶液，调节 pH 值后用于水解反应。按照第 10.4.3 节对标准系列溶液进行分析，记录色谱峰面积并绘制标准曲线。

表 10-1　邻苯二甲酸二甲酯、邻苯二甲酸二丁酯混合标准系列溶液浓度及色谱峰面积

混合标准溶液	1	2	3	4	5
吸取储备液体积/mL					
DMP/DBP 浓度/(mg/L)	2.0	4.0	6.0	8.0	10.0
峰面积					

10.4.2　邻苯二甲酸酯的水解

① 反应体系的配制：取 3 个 250mL 的烧杯，各加入 100mL 混合标准溶液，加入稀 HNO_3 或稀 NaOH 溶液，使 pH 值分别为 5.0、7.0、9.0。使用磁力搅拌器搅拌反应并计时。

② 取样：分别在 10min、20min、30min、50min、90min 时吸取约 1mL 样品溶液，利用微孔滤头将溶液过滤至样品瓶，然后用 HPLC 进行测定。结果记录于表 10-2 中。

表 10-2　邻苯二甲酸二丁酯水解溶液 HPLC 测定结果

水解时间/min	10	20	30	50	90
DBP 浓度/(mg/L)					
峰面积					

二维码10-1
邻苯二甲酸酯的
水解

10.4.3　液相色谱测定

用 HPLC 分析标准系列溶液和样品溶液，分析条件为：Symmetry C_{18} 色谱柱（4.6mm×150mm×5μm），流动相为甲醇：水＝80：20（体积比），流速为 1.0mL/min，紫外光吸收检测器调至波长为 254nm，用微量注射器进样 10μL，运行时间 10min。

10.5　注意事项

① 在水解实验的间隙配制标准溶液，以节省时间。
② 高效液相色谱仪是精密贵重仪器，使用时应严格遵守操作规程。

10.6　数据处理

10.6.1　标准曲线绘制

以 DMP/DBP 浓度为横坐标，以峰面积为纵坐标，绘制标准曲线。

10.6.2　计算水解速率常数

根据式（10-1）～式（10-3）计算不同 pH 值条件下，DBP 的水解速率常数 k 和半衰期 $t_{1/2}$。

10.7　思考题

① pH 是怎样影响邻苯二甲酸酯水解的？查阅文献，说明还有哪些因素会影响有机污染物水解。
② 查阅文献，说明 DBP 水解的产物是什么、如何进行测定。

实验十一
Fenton 试剂催化氧化酸性大红 GR 染料

11.1 实验目的

① 了解 Fenton 试剂的性质。
② 了解 Fenton 反应降解有机污染物的原理。

11.2 实验原理

20 世纪 70 年代，水环境的污染成为世界性难题，持久性有机污染物的降解问题成为污染控制化学中的研究重点。20 世纪 80 年代，化学家 Fenton 发现，过氧化氢（H_2O_2）与二价铁离子（Fe^{2+}）的混合溶液有强氧化性，可以将很多有机化合物氧化为无机态，氧化效果十分明显。环境化学家们发现，Fenton 试剂在氧化持久性有机污染物方面有独特的优势。目前，Fenton 反应是废水深度氧化处理的一种重要方法，其应用范围正在不断扩大。

Fenton 试剂的氧化机理可以用下面的化学反应方程式来描述：

$$Fe^{2+} + H_2O_2 \longrightarrow Fe^{3+} + OH^- + \cdot OH$$

正是羟基自由基的存在，使得 Fenton 试剂具有强的氧化能力。据计算，在 pH=4 的溶液中，羟基自由基的氧化电位高达 2.73V，其氧化能力在溶液中仅次于氟气。因此，持久性有机物，特别是芳香族化合物以及一些杂环化合物，均可被 Fenton 试剂氧化分解。

Fenton 反应非常复杂，因为 Fe（Ⅲ）再生为 Fe（Ⅱ）比较困难，有较多的副反应途径，因此对于反应条件要求比较苛刻。一般 pH=3 是最佳 pH，氧化剂和催化剂 Fe（Ⅱ）都有一个最佳值，过多、过少都不利于反应的发生。其他含铁或者过渡金属（如 Ni 等）的催化剂也能催化 Fenton 反应，称为类 Fenton 反应。

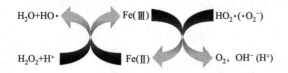

41

本实验采用 Fenton 试剂法处理酸性大红 GR 染料模拟废水。

11.3 实验仪器与试剂

11.3.1 实验仪器

分光光度计、电子天平、酸度计、磁力搅拌器、500mL 烧杯、250mL 量筒、胶头滴管、1.0mL 移液管、石英比色皿。

11.3.2 实验试剂

酸性大红 GR 染料溶液（1g/L）、$FeSO_4 \cdot 7H_2O$（分析纯）、H_2O_2 溶液（分析纯）、稀硫酸（0.9mol/L）。

11.4 实验内容与步骤

二维码11-1
Fenton试剂催化氧
化酸性大红GR染料

① 取 200mL 酸性大红 GR 染料模拟废水，置于 500mL 烧杯中。

② 称取 0.100g 的 $FeSO_4 \cdot 7H_2O$ 加入烧杯，放于磁力搅拌器上搅拌 10min，观察至其充分溶解，用稀硫酸调节溶液 pH=3。

③ 加入 H_2O_2 溶液 1.0mL，放于磁力搅拌器上反应 2h，按照表 11-1 所示时间，利用分光光度计在 510nm 处测定吸光度 A。将测量数据记录在表 11-1 中。

表 11-1 数据记录表

反应时间/min	0	5	10	15	20	25	30	40	50	60	80	100	120
吸光度													
色度去除率/%													

11.5 注意事项

如实验时间充裕，并有条件测定溶液 COD 值，可以测定各取样溶液的 COD 值，计算 COD 去除率，用溶液 COD 值计算一级动力学反应速率常数和半衰期。

11.6 数据处理

根据测得的数值，计算色度去除率，用 Excel 软件绘制模拟水样色度去除率随时间的变化曲线。

$$色度去除率 = \frac{A_{反应前} - A_{反应后}}{A_{反应前}} \times 100\%$$

采用一级动力学方程模拟实验数据，计算酸性大红 GR 染料发生 Fenton 氧化的速率常

数 k_1 和半衰期 $t_{1/2}$。

$$\ln(c_t/c_0) = -k_1 t \tag{11-1}$$

$$t_{1/2} = \ln 2/k_1 \tag{11-2}$$

式中，c_t 和 c_0 分别是 t 时刻和 0 时刻反应物的浓度；k_1 为一级动力学反应速率常数；t 为反应时间；$t_{1/2}$ 为反应半衰期。c_t/c_0 可由吸光度比值求出。

11.7　思考题

查阅文献，分析 Fenton 反应的机理及其主要影响因素。

实验十二
光催化降解甲基橙实验

12.1 实验目的

① 了解 TiO_2 光催化的基本原理。

② 了解 TiO_2 光催化降解甲基橙的影响因素。

12.2 实验原理

甲基橙（methyl orange，MO）为红色鳞状晶体或粉末，微溶于水，不溶于乙醇。甲基橙的变色范围：pH<3.1 时变红，pH>4.4 时变黄，pH 为 3.1～4.4 时呈橙色。甲基橙属于阳离子型染料，是常用的纺织染料的一种，主要用于对腈纶纤维（聚丙烯腈纤维）的染色。由于甲基橙分子结构中含有偶氮基（—N≡N—），不易被传统的氧化法彻底降解，容易造成环境污染。

半导体材料 TiO_2 作为光催化剂具有化学稳定性高、耐酸碱性好、对生物无毒、不产生二次污染、廉价等优点，所以 TiO_2 常被作为非均相纳米光催化剂应用于水处理过程中。

半导体粒子具有能带结构，一般由填满电子的低能价带（VB）和空的高能导带（CB）构成，价带中最高能级与导带中的最低能级之间的能量差叫禁带宽度（E_g）。半导体的光吸收阈值与禁带宽度 E_g 有关，其关系式为：$\lambda_g = 1240/E_g$。TiO_2 具有不同晶型，锐钛矿型的 TiO_2 禁带宽度为 3.2eV，光催化所需入射光最大波长为 387.5nm，属于近紫外范围。当波长小于或等于 387.5nm 的光照射时，TiO_2 价带上的电子（e^-）被激发跃迁至导带，在价带上留下相应的空穴（h^+），且在电场的作用下分离并迁移到表面：

$$TiO_2 + h\nu \longrightarrow TiO_2(h^+, e^-) \tag{12-1}$$

光生空穴（h^+）是一种强氧化剂（$E_{VB} = 3.1V$），可将吸附在 TiO_2 颗粒表面的 OH^- 和 H_2O 氧化成·OH，·OH 能够氧化相邻的有机物，亦可扩散到液相中氧化有机物：

$$H_2O + h^+ \longrightarrow \cdot OH + H^+ \tag{12-2}$$

$$OH^- + h^+ \longrightarrow \cdot OH \tag{12-3}$$

导带电子（e^-）是一种强还原剂（$E_{CB} = -0.12V$），它能与表面吸附的氧分子发生反应，产生·O_2^-（超氧离子自由基）以及·OOH（过氧羟基自由基）。

$$O_2 + e^- \longrightarrow \cdot O_2^- \tag{12-4}$$

$$H_2O + \cdot O_2^- \longrightarrow \cdot OOH + OH^- \tag{12-5}$$

$$2 \cdot OOH \longrightarrow O_2 + H_2O_2 \tag{12-6}$$

$$H_2O_2 + e^- \longrightarrow \cdot OH + OH^- \tag{12-7}$$

$$H_2O_2 + \cdot O_2^- \longrightarrow \cdot OH + OH^- + O_2 \tag{12-8}$$

上述反应过程中产生的活性氧化物种如 $\cdot OH$、$\cdot O_2^-$、$\cdot OOH$、H_2O_2 等，可以氧化包括难生物降解化合物在内的众多有机物，使之完全矿化成 H_2O、CO_2 等无机小分子。

光催化降解甲基橙的影响因素包括溶液初始浓度、催化剂用量等。

（1）溶液初始浓度

光催化氧化的反应速率可用 Langmuir-Hinshelwood 动力学方程式来描述：

$$r = kKc/(1 + Kc) \tag{12-9}$$

式中　r——反应速率；

　　　c——反应物浓度；

　　　K——表观吸附平衡常数；

　　　k——发生于光催化活性位置的表面反应的速率常数。

低浓度时，$Kc \ll 1$，则式（12-9）可以简化为：

$$r = kKc = K'c \tag{12-10}$$

根据式（12-10），在一定范围内，反应速率与溶质浓度成正比，初始浓度越高，降解速率越大。但是，当初始浓度超过一定范围时，反应速率有可能随着浓度的升高而降低。因此，溶液的初始浓度应控制在一定的范围内。

（2）催化剂用量

在一定强度紫外光照射下 TiO_2 粒子被激发，继而在光催化体系中产生羟基自由基等一系列活性氧化物种，因此较多量的 TiO_2 必然能产生较多的活性氧化物种来加快反应进程，从而提高降解效率。可是当催化剂超过一定量时，反应速率不再增加。这是因为过多的 TiO_2 粉末会造成光的透射率降低及发生光散射现象，所以进行光催化降解反应时有必要选择一个最佳的催化剂加入量。

12.3　实验仪器与试剂

12.3.1　实验仪器

紫外可见分光光度计、酸度计、光反应装置、电子天平、1000mL 容量瓶、1000mL 烧杯、50mL 量筒、石英烧杯、50mL 移液管、10mL 移液管、石英比色皿、磁力搅拌子、10mL 比色管、10mL 一次性注射器、10mL 试管、针式过滤器（$0.45\mu m$，25mm）。

12.3.2　实验试剂

1g/L 甲基橙储备液、锐钛矿型 TiO_2（P25）、HCl 溶液（0.1mol/L）、NaOH 溶液（40g/L）。

12.4 实验内容与步骤

12.4.1 配制反应液

取 1g/L 甲基橙储备液 20mL 于 1000mL 容量瓶中定容，得到 20mg/L 的甲基橙溶液，用 HCl 溶液和 NaOH 溶液调节甲基橙的 pH 至 3 左右。

12.4.2 光催化反应实验

① 直接光解和 TiO_2 光催化降解甲基橙的对比：取两个石英烧杯，编号为 A、B。

A 的条件：用量筒量取 20mg/L 的甲基橙 150mL，倒入 A 烧杯中，不加 TiO_2，放入一个磁力搅拌子；

B 的条件：用量筒量取 20mg/L 的甲基橙 150mL，倒入 B 烧杯中，加入 0.2g TiO_2，放入一个磁力搅拌子。

② 将两个烧杯同时放入光反应装置中，打开紫外灯和磁力搅拌器进行光催化反应实验。

③ 分别于反应时间 0min、10min、20min、30min、40min、50min 和 60min 取样，用一次性注射器加针式过滤器取样 10mL 于试管中，为待测定的甲基橙样品溶液。

二维码12-1
光催化降解甲基橙
实验

12.4.3 标准系列溶液的配制

取 5 支 10mL 比色管，用 10mL 移液管分别移取 20mg/L 甲基橙溶液 0mL、2.5mL、5mL、7.5mL、10mL 于比色管中，定容后得到浓度为 0mg/L、5mg/L、10mg/L、15mg/L、20mg/L 的甲基橙标准系列溶液。

12.4.4 浓度测定

采用紫外可见分光光度计在波长 466nm 下测定甲基橙标准系列溶液和样品溶液的吸光度，在表 12-1 和表 12-2 中记录数据。

表 12-1 甲基橙标准系列溶液吸光度数据

浓度/(mg/L)	0	5	10	15	20
吸光度					

表 12-2 甲基橙样品溶液吸光度数据

时间	0min	10min	20min	30min	40min	50min	60min
A 的吸光度							
B 的吸光度							

12.5 注意事项

用紫外可见分光光度计测定样品溶液时，需要使用参比溶液，以消除溶液中的水对光的吸收反射或散射造成的误差。一般选择参比溶液的原则是：当样品溶液、显色剂及所用的其他试剂在测定波长处均无吸收时，可选用蒸馏水作参比溶液；若显色剂或其他试剂对入射光有吸收，应选用试剂空白作为参比；若样品溶液中其他组分有吸收，而显色剂无吸收且不与其他组分作用，应选用不加显色剂的实验溶液作参比。

12.6 数据处理

12.6.1 绘制标准曲线

根据表 12-1 数据，以甲基橙标准系列溶液的浓度为横坐标，以吸光度数据为纵坐标，使用 Excel 软件或 Origin 软件绘制标准曲线，得到标准曲线的回归方程。

12.6.2 计算样品溶液浓度

根据甲基橙标准曲线的回归方程和表 12-2 中样品溶液的吸光度值，计算甲基橙样品溶液的浓度，在表 12-3 中记录计算结果。

表 12-3 甲基橙样品溶液浓度

时间	0min	10min	20min	30min	40min	50min	60min
A 溶液浓度/(mg/L)							
B 溶液浓度/(mg/L)							

12.6.3 绘制浓度随时间变化图

以时间为横坐标，以甲基橙溶液浓度为纵坐标，绘制 A、B 实验条件下甲基橙浓度随时间变化的关系图，并加以分析。

12.6.4 计算去除率

用以下公式计算光反应过程中甲基橙的去除率。

$$去除率 = \frac{c_0 - c_t}{c_0} \times 100\%$$

式中　c_0——甲基橙溶液的初始浓度；

　　　c_t——甲基橙溶液 t 时刻的浓度。

去除率数据填入表 12-4。

表 12-4　甲基橙去除率

时间	0min	10min	20min	30min	40min	50min	60min
A 实验条件							
B 实验条件							

12.7　思考题

① 分析甲基橙光催化降解速率的影响因素。

② 实验中的甲基橙溶液是否需要精确配制?

③ 描述 TiO_2 光催化反应机理。

实验十三
沉积物的耗氧

13.1 实验目的

① 了解水体溶解氧含量的概念及意义。
② 测定沉积物消耗溶解氧随温度和时间的变化。

13.2 实验原理

水体的溶解氧是水质监测的一项重要指标，水体溶解氧含量主要受温度、生物活动和有机物含量的影响。初期被有机物污染的水体，沉积物对水质有一定的自净能力，随着污染物浓度的增加和污染时间的延长，沉积物的吸附能力减弱，直至沉积物中的有机物开始向水体释放。一般，微生物降解是好氧反应，需要消耗氧气，气体交换来不及补充氧气，必然对水体溶解氧产生影响。其反应式如下：

$$CH_2O(代表糖类) + O_2 \Longrightarrow CO_2 + H_2O$$

溶解氧对于水生生物是必需条件，当大量耗氧有机污染物排入水体中，即使这些污染物没有直接毒性，也会消耗水中的溶解氧，当水中溶解氧耗尽时，水生生物就会因为缺氧死亡。因此，了解有机污染物的耗氧过程十分重要。

13.3 实验仪器与试剂

13.3.1 实验仪器

传统方式实验仪器："溶解氧测定仪、曝气装置、超级恒温水浴锅、夹层反应桶、磁力搅拌器、电子天平、量筒、烧杯、乳胶管、温度计、搅拌子。

南开大学自制仪器：沉积物耗氧装置（内置溶解氧测定仪、磁力搅拌器、超级恒温水浴锅、夹层反应桶）。

13.3.2 实验试剂

沉积物：用采泥器采集河底或湖底沉积物。

13.4 实验内容与步骤

13.4.1 使用传统方式测定

① 取一定体积的蒸馏水放在一个容器中，将曝气头插入水底，接通曝气泵，一边曝气一边用溶解氧测定仪测量，至溶解氧达到饱和值，记录溶解氧值。

② 用电子天平称取 10g 沉积物，放入夹层反应桶中，加入 370mL 曝气水，将夹层反应桶的出入口与超级恒温水浴锅的循环水出入口用乳胶管连接，将超级恒温水浴锅的温度调节到 25℃，在夹层反应桶中加入搅拌子，于磁力搅拌器上做 25℃ 的耗氧实验，在 1min、3min、5min、7min、10min、12min、15min、20min 时记录溶解氧值，记录在表 13-1 中。

③ 用电子天平称取 10g 沉积物，放入夹层反应桶中，加入 370mL 曝气水，将夹层反应桶的出入口与超级恒温水浴锅的循环水出入口用乳胶管连接，将超级恒温水浴锅的温度调节到 35℃，在夹层反应桶中加入搅拌子，于磁力搅拌器上做 35℃ 的耗氧实验，在 1min、3min、5min、7min、10min、12min、15min、20min 时记录溶解氧值，记录在表 13-1 中。

13.4.2 使用沉积物耗氧装置测定

① 取一定体积的蒸馏水放在一个容器中，将曝气头插入水底，接通曝气泵，一边曝气一边用溶解氧测定仪测量，至溶解氧达到饱和值，记录溶解氧值。

二维码13-1
沉积物的耗氧

② 在沉积物耗氧装置的夹层反应桶中加入 700mL 曝气水，放在搅拌器上，打开沉积物耗氧装置的循环水开关，并设置夹层反应桶内温度为 25℃±1℃。

当曝气水的水温到达 25℃±1℃，用电子天平称取 20g 沉积物，放入夹层反应桶中，在 1min、3min、5min、7min、10min、12min、15min、20min 时记录溶解氧值，数据记录在表 13-1 中。

表 13-1 溶解氧值记录

时间/min		1	3	5	7	10	12	15	20
溶解氧值	25℃								
	35℃								

实验完毕，将夹层反应桶中的泥水混合物倒掉。

③ 将沉积物耗氧装置的夹层反应桶温度设置为 35℃±1℃，重复上述步骤②。

13.5 数据处理

使用 Excel 或其他软件绘制相同质量沉积物在不同温度下随时间变化的耗氧图。

13.6 思考题

① 分析沉积物为什么会消耗水中的溶解氧。

② 分析沉积物耗氧行为随温度变化的规律。

③ 查阅 25℃±1℃ 和 35℃±1℃ 条件下溶解氧的饱和值，分析为什么饱和值随着温度的升高而降低。

实验十四
土壤和沉积物中腐殖酸的提取和分离

14.1 实验目的

① 加深对土壤和沉积物中有机质的认识。
② 掌握提取和分离胡敏酸和富里酸的原理和操作。

14.2 实验原理

有机质是土壤和沉积物的重要组分。土壤和沉积物中的有机质包括四个组分：a. 完整的动物、植物、微生物组织及细胞（生物活体）；b. 植物凋落物或动物、微生物残体；c. 溶解态有机分子（氨基酸、胞外酶等）；d. 结合在土壤颗粒表面的复杂有机聚合物、包裹在土壤团聚体中已失去解剖学特征的生物碎片、植物焚烧生成的炭粒。前三类易降解转化，称为活性有机质（labile organic matter），第四类受保护的不易降解转化的有机质称为腐殖质（humus）。腐殖质含有许多活性基团，如羧基、酚羟基、醌基等，它们可与金属离子进行离子交换、表面吸附、螯合等反应，深刻影响重金属污染物在环境中的迁移转化。

历史上，研究土壤有机质的组分和性质时，用强酸强碱提取土壤有机质，再根据提取的组分将有机质划分为胡敏素和腐殖酸（后者包括胡敏酸和富里酸）（图 14-1）。但现在已经认为胡敏素和腐殖酸主要是提取过程的产物，不能反映土壤有机质的真实组分。不过，从土壤中提取的这些有机组分可用于污染修复等用途。文献中仍常见胡敏素和腐殖酸。

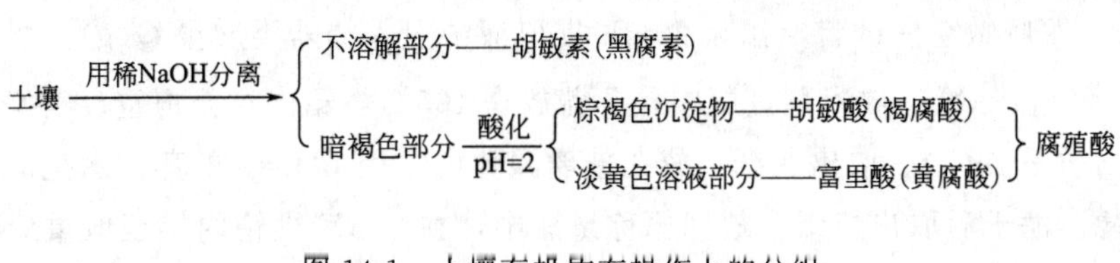

图 14-1 土壤有机质在操作上的分组

一些沉积物（如湖泊底泥）中有机质含量高。本实验用稀碱和稀焦磷酸钠混合液提取底泥中的腐殖酸。提取物酸化后析出胡敏酸，而富里酸仍留在酸化液中，据此可将胡敏酸和富里酸分开。

14.3 实验仪器与试剂

14.3.1 实验仪器

水浴锅、分析天平、离心机、振荡器、酸度计、50mL 离心管、250mL 碘量瓶、100mL 量筒、250mL 锥形瓶、烘箱、蒸发皿（$\Phi = 5 \sim 6\text{cm}$）、称量瓶、漏斗。

14.3.2 实验试剂

底泥：风干后磨碎过 100 目筛备用。

混合提取液：0.2mol/L 焦磷酸钠（$Na_4P_2O_7$）溶液和 0.2mol/L NaOH 溶液等体积混合。

HCl 溶液：1mol/L。

NaOH 溶液：1mol/L。

14.4 实验内容与步骤

14.4.1 腐殖酸的提取

称取 30g 风干过筛的底泥样品，放入 250mL 碘量瓶中，加入 100mL 混合提取液，在振荡器中 250r/min 振荡 30min。振荡结束后将混合物均匀倒入两个离心管中，尽量使两个离心管的总质量相等。把两个离心管放在离心机的对称位置上，2000r/min 离心 10min。离心结束后，将上清液倒入 250mL 锥形瓶内，用 1mol/L HCl 调节 pH 值至 2.0。调好 pH 值后，振荡器中 250r/min 振荡 30min。振荡结束后 2000r/min 离心 10min。离心结束后，将上清液（主要是富里酸）倒入干净的 250mL 锥形瓶内备用。离心管内残渣主要含胡敏酸，也保留备用。

二维码14-1
土壤和沉积物中腐殖酸的提取和分离

14.4.2 胡敏酸和富里酸含量测定

① 取一个已烘至恒重的蒸发皿，称出其质量 G（精确到 0.001g，下同）。再移入 20mL 富里酸溶液，用 1mol/L NaOH 溶液将其 pH 值调到 7.0，然后放在沸水浴中蒸干。在 105℃ 烘箱内烘至恒重后称出质量 $W(\text{g})$。再取一个蒸发皿做空白试验，扣除 20mL 提取液中引入的盐类质量 $Q(\text{g})$。

② 取一张定量滤纸，放入称量瓶中，开盖放在 105℃ 烘箱内烘至恒重。盖好瓶盖，在分析天平上称出质量 $A(\text{g})$。取出滤纸，放在玻璃漏斗内。用 pH＝3 的蒸馏水把胡敏酸渣转移入漏斗内过滤。滤干后取出滤纸，放回原称量瓶中，在 105℃ 烘箱内烘至恒重后再称出质量 $B(\text{g})$。

14.5 数据处理

① 按下式计算底泥中富里酸含量：

$$富里酸含量 = \frac{(W - G - Q) \times 5}{30} \times 100\% \tag{14-1}$$

② 按下式计算底泥中胡敏酸含量：

$$胡敏酸含量 = \frac{B - A}{30} \times 100\% \tag{14-2}$$

式中符号所代表的意义如第 14.4.2 节中所述。称量数据记入表 14-1 中。

表 14-1 腐殖酸含量数据

W/g	G/g	Q/g	B/g	A/g

14.6 思考题

① 环境中的腐殖质对重金属污染物的迁移转化起什么作用？

② 富里酸和胡敏酸在外观上有何区别？

③ 富里酸和胡敏酸的含碳量可用什么方法测定？

实验十五
沉积物理化性质及重金属含量的测定

15.1 实验目的

① 了解沉积物主要理化性质及其测定方法。
② 掌握沉积物中重金属的测定方法。

15.2 实验原理

沉积物是水体的重要组成部分，也是水体中有机污染物、重金属和营养盐等的主要蓄积场所，其污染问题普遍存在于全球的淡水和海洋生态系统中。污染的沉积物不仅直接危害底栖生物，其中蓄积的污染物在适当环境条件下还会释放到上覆水中，进一步危害水生生态系统甚至人类健康。

重金属作为沉积物中的一类主要污染物，通过各种途径进入水体，以不同的形态分布在水相、沉积物、生物体中，表现出不同的环境地球化学行为和对生物的毒性特征。重金属不能降解，可在水体沉积物中长期蓄积。如果沉积物中重金属浓度过高，会对底栖生物及其生态功能产生有害影响，并通过食物链对人体产生危害。例如，铜离子会使蛋白质变性，如果摄入过量可造成肾损害和溶血，长期接触可以发生接触性皮炎和黏膜刺激，并且出现胃肠道症状。沉积物中铜的主要污染源是电镀、采矿、冶炼和化学工业等排放的废水中的铜。

沉积物的粒径分布、总有机碳（TOC）、酸可挥发性硫化物（AVS）会影响沉积物中重金属的生物有效性，进而影响其毒性。本实验对沉积物的理化性质进行测定，并以微波消解作为样品前处理方法，采用电感耦合等离子体-原子发射光谱法（ICP-AES）对沉积物中的五种常见重金属镉（Cd）、铜（Cu）、镍（Ni）、铅（Pb）、锌（Zn）进行测定。

15.3 实验仪器与试剂

15.3.1 实验仪器

电子天平、微波消解仪、电感耦合等离子体-原子发射光谱仪、激光粒度仪、TOC 测定仪、紫外可见分光光度计、氮气充气系统、磁力搅拌器、容量瓶、胶头滴管、移液管、玻璃试管、三颈烧瓶、碘量瓶、具塞比色管、石英比色皿、水系滤膜（0.45μm）。

15.3.2 实验试剂

重金属混合标准溶液、硝酸（优级纯）、1%硝酸、盐酸（优级纯）、N,N-二甲基对苯二胺溶液、硫酸铁溶液、1mol/L盐酸、Zn（Ac）$_2$-NaAc吸收液、超纯水（电阻率18MΩ·cm）。

沉积物湿样品。

沉积物干样品：取适量沉积物湿样品，风干，磨细，过100目尼龙筛。

二维码15-1
沉积物样品的制备

15.4 实验内容与步骤

15.4.1 沉积物理化性质的测定

① 粒径分布的测定采用激光衍射法。取1g左右沉积物湿样品，加入10mL超纯水，超声振荡后使用激光粒度仪测定粒径分布。

② TOC的测定采用燃烧氧化-非分散红外法，用TOC测定仪对沉积物的TOC进行测定。将沉积物样品于60℃ 24h烘干至恒重。称取（0.200±0.010）g烘干后的样品于10mL玻璃试管中，边振荡边向试管中逐滴加入1mol/L盐酸溶液，使固液充分反应。当无气泡产生时说明CO_2已被去除，待沉淀完全，移去上清液。然后向试管中多次加入蒸馏水进行冲洗，直至上清液与蒸馏水pH值一致时为止，注意不造成样品的损失。将样品于60℃ 24h烘干至恒重，称取10mg左右的土样（记录准确质量）在TOC测定仪上测定。

③ AVS的测定采用氮载气冷法。AVS指在惰性气体保护下，沉积物中能与1mol/L冷盐酸反应生成H_2S的硫化物，测定结果通常以S^{2-}的浓度表达，单位为$\mu mol/g$。具体操作步骤如下：

在三颈烧瓶中加入20mL 1mol/L盐酸溶液，并启动氮气充气系统，使装置呈无氧状态。同时，在氮气保护下，将沉积物湿样品均匀搅拌，快速称取（3.00±0.30）g至三颈烧瓶中，并迅速密封反应系统。开启磁力搅拌系统，开始计时，反应时间为1h。产生的H_2S随高纯氮气转移至吸收系统，即盛有40mL Zn（Ac）$_2$-NaAc吸收液的碘量瓶。反应完成后，参考《水质 硫化物的测定 亚甲基蓝分光光度法》（GB/T 16489—1996）测定硫离子含量。加入10mL N,N-二甲基对苯二胺溶液，混合均匀，再加入1mL硫酸铁溶液，密封并充分振荡，放置10min后，转移至100mL具塞比色管中，用水稀释至标线，摇匀，使用1cm石英比色皿，以水作参比，在665nm处测吸光度，根据标准曲线得到沉积物AVS含量。将反应瓶中的提取液经0.45μm水系滤膜过滤（反应瓶中的提取液转移完全）、超纯水稀释定容至合适浓度，用于测定同步提取金属（simultaneously extracted metal，SEM）。每份沉积物样品做三个平行实验，并设置空白对照。

15.4.2 沉积物中重金属的测定

① 称取0.2500g沉积物样品，放入微波消解罐中，用1mL超纯水润湿，再加入6mL优级纯硝酸和3mL优级纯盐酸。做三份平行样和一个空白样。

② 将样品放入微波消解仪中消解，注意空白样放入标准罐而不是主控罐。微波消解程

二维码15-2
沉积物样品消解、
赶酸及定容

序设置为：150℃，10min；180℃，25min。微波消解结束后，在150℃赶酸至液体剩0.5mL以下，注意不要蒸干。用1%硝酸转移至容量瓶并定容至25mL。

③ 在微波消解过程中配制重金属混合标准溶液，定容至25mL。浓度如表15-1所示。

表15-1 标准系列溶液浓度 单位：mg/L

编号	0	1	2	3	4	5
Cd	0.00	0.01	0.02	0.04	0.08	0.12
Cu	0.00	0.25	0.50	1.00	2.00	4.00
Ni	0.00	0.05	0.25	0.50	0.75	1.00
Pb	0.00	0.50	1.00	1.50	2.00	5.00
Zn	0.00	0.20	0.50	1.00	2.00	4.00

④ 利用电感耦合等离子体-原子发射光谱仪测定标准溶液、沉积物消解样品和SEM样品中重金属的浓度，检测波长如表15-2所示。记录数据，绘制数据表及标准曲线，计算沉积物中Cd、Cu、Ni、Pb、Zn的浓度。

表15-2 元素检测波长

项目	Cd	Cu	Ni	Pb	Zn
检测波长/nm	214.438	324.754	231.604	220.353	213.856
次检测波长/nm	226.502	327.396	221.647	217.000	202.548

15.5 注意事项

① 微波消解仪使用过程中是高温高压条件，要严格遵守操作规程，注意安全防护。
② 实验过程中会使用到强酸，要注意安全。

15.6 数据处理

① 记录和计算沉积物的粒径分布、TOC和AVS数据。
② 记录和计算沉积物中Cd、Cu、Ni、Pb、Zn的浓度。

15.7 思考题

① 沉积物的理化性质如何影响重金属的环境地球化学行为和生物有效性？
② 利用电感耦合等离子体-原子发射光谱仪测定金属元素有何优缺点？
③ ICP-AES用于测定哪些物质，测定的浓度范围为多少？
④ 如何利用AVS和SEM数据对沉积物中的重金属进行生态风险评估？

实验十六
沉积物中营养盐的释放

16.1 实验目的

① 了解沉积物中营养盐释放的基本原理。
② 掌握研究沉积物中营养盐释放的实验方法和技术。

16.2 实验原理

氮磷等营养盐是一类重要的环境污染物。水体中存在过量的营养盐，会造成水体富营养化，进而在一定条件下引发水华暴发。沉积物既是水体营养盐的汇，又是水体营养盐的源，营养盐在沉积物与上覆水之间存在着动态的吸附和释放过程。当沉积物的营养盐吸附量大于释放量时，沉积物为汇；当释放量大于吸附量时，沉积物为源。

天然水体中含氮物质的主要来源是污水和废水排放、地表径流、水生生物的代谢和微生物分解作用。当水体受到含氮有机物污染时，水中的微生物可以将含氮有机物逐步氧化分解为氨、亚硝酸盐、硝酸盐等简单的无机氮化合物。通常把氨氮、亚硝酸盐氮和硝酸盐氮统称为三氮。沉积物中的磷主要可分为有机态磷和无机态磷两大类。无机态磷几乎全部为正磷酸盐，一般可以分为磷酸铝类、磷酸铁类、磷酸钙（镁）类等。沉积物中的氮磷以无机态为主，在一定条件下可以向上覆水体释放和扩散。沉积物的理化性质是影响其源汇转换的主要因素，同时上覆水体氮磷浓度以及吸附释放的时间均是影响沉积物源汇转换的重要因素。因此，氮磷释放吸附特征是沉积物影响富营养化的重要因素，沉积物对水体富营养化的影响指标主要包括沉积物对氮磷的吸附容量、吸附速率、释放速率、最大吸附量、吸附释放平衡浓度以及最大释放潜能等。近年来，利用沉积物吸附-释放参数指标来评价沉积物内源贡献及其对水体富营养化进程的影响逐渐形成了完整的体系。

氮磷等营养盐在沉积物-水体存在吸附和释放两种行为，最后与水体中的氮磷吸附和释放达到平衡。测定不同时间段沉积物释放氮磷的量，用释放时间和释放量建立一级动力学反应模型，即可得到动力学方程和动力学参数，用以描述沉积物氮磷释放特征。方程为：

$$\ln q = b + kt \tag{16-1}$$

式中　q——沉积物氮磷释放量，mg/kg；

　　　t——时间，h；

b，k——常数。

k 值的大小标志着沉积物释放氮磷的强度。通过对一定量的沉积物连续时间间隔取样，测定滤液中氮磷浓度，绘制氮磷释放量对数与释放时间的曲线，按照式（16-1）拟合，求出常数 b 和 k。

氨氮与纳氏试剂反应可生成黄色的配合物，吸光度与氨氮的含量成正比，可以采用分光光度法在 420nm 进行测定。正磷酸盐溶液在一定的酸度下，加入酒石酸锑钾和钼酸铵混合液，形成磷钼杂多酸，在三价锑存在时，抗坏血酸能使磷钼杂多酸变成磷钼蓝，其吸光度在一定浓度范围内与磷的浓度成正比，可在 700nm 下比色测定。

本实验以氨氮和磷酸盐作为典型营养盐的代表，研究沉积物中氨氮和磷酸盐的释放。

16.3　实验仪器与试剂

16.3.1　实验仪器

电子分析天平、紫外可见分光光度计、离心机、恒温振荡器、蠕动泵、离心管、移液管、比色管、$0.45\mu m$ 微孔滤头、100mL 量筒。

16.3.2　实验试剂

100g/L 抗坏血酸，棕色瓶低温保存。

钼酸盐溶液：13g 钼酸铵溶解于 100mL 水中。0.35g 酒石酸锑钾溶解于 100mL 水中。在不断搅拌下，将钼酸铵溶液徐徐加到 300mL 硫酸（1+1）中，加入酒石酸锑钾并混合均匀，贮存于棕色瓶中于 4℃保存，至少稳定 2 个月。

0.02mol/L KCl 溶液。

磷酸盐储备液：将优级纯磷酸二氢钾于 110℃干燥 2h，冷却后称取 0.2197g，溶解至 1000mL 容量瓶中，加硫酸（1+1）5mL，用水稀释至标线。

磷酸盐标准溶液：取 10mL 磷酸盐储备液，用水定容至 250mL，现用现配。

纳氏试剂：购买。

酒石酸钾钠溶液：称取 50g 酒石酸钾钠（$KNaC_4H_4O_6 \cdot 4H_2O$）溶于 100mL 水中，加热煮沸除去氨，冷却并定容至 100mL。

铵标准储备液：称取 3.8190g 经 100℃干燥过的优级纯氯化铵（NH_4Cl）溶于水中，定容至 1000mL。

铵标准使用液：取 5mL 铵标准储备液，定容至 500mL。

沉积物：风干，过 100 目筛。

16.4　实验内容与步骤

16.4.1　绘制氨氮和磷酸盐的标准曲线

取 7 支 50mL 比色管，分别加入 0mL、0.25mL、0.50mL、1.50mL、2.50mL、3.50mL、5.00mL 铵标准使用液，用水定容至 50mL。加入 1mL 酒石酸钾钠溶液、1.5mL

纳氏试剂，混匀。放置 10min，以超纯水作参比，在 420nm 测吸光度。以氨氮含量与吸光度绘制标准曲线。

取 8 支 25mL 比色管，分别吸取磷酸盐标准溶液 0mL、0.5mL、1.0mL、1.5mL、2.0mL、3.0mL、5.0mL、10.0mL，定容至 25mL，加入 0.5mL 的 100g/L 抗坏血酸，摇匀 30s 后加入 1mL 钼酸盐溶液充分混匀，显色 15min，以超纯水作参比，在 700nm 比色。用磷浓度与吸光度绘制标准曲线。

16.4.2 氮和磷的动态释放

取 8 个 100mL 离心管，各加入 0.02mol/L 的 KCl 溶液 50mL，再称取 0.5g 风干后过 100 目筛的沉积物样品 8 份，同时加入 8 个离心管中，25℃、200r/min 恒温振荡并开始计时。分别在 5min、10min、30min、60min、90min、120min、180min、300min 时取出一个离心管，在 5000r/min 离心 10min，取上清液过 0.45μm 滤膜抽滤得滤液。取适量滤液于比色管中，参照标准曲线的方法测定氨氮和磷酸盐的浓度。

16.4.3 氮和磷的静态释放

取一个 500mL 的量筒，加入 5g 沉积物。用虹吸法沿筒壁缓慢滴加蒸馏水至 500mL 刻度处。此后在 30min、60min、90min、120min 时用蠕动泵于 125mL 和 250mL 刻度处取水样 1mL，参照标准曲线的方法测定氮磷浓度。绘制不同时间、不同深度的氨氮和磷酸盐的浓度。

二维码16-1
沉积物中营养盐的释放

16.5 注意事项

① 纳氏试剂具有一定的毒性，实验过程中注意防护，避免接触。
② 在氮和磷释放实验的间隙配制标准系列溶液，以节省时间。

16.6 数据处理

① 记录氨氮和磷酸盐标准溶液吸光度数据并绘制标准曲线（表 16-1、表 16-2）。

表 16-1 氨氮标准溶液浓度及吸光度

编号	1	2	3	4	5	6	7
氨氮浓度/(mg/L)							
吸光度							

表 16-2 磷酸盐标准溶液浓度及吸光度

编号	1	2	3	4	5	6	7	8
磷酸盐浓度/(mg/L)								
吸光度								

② 氮和磷的动态释放。记录氮和磷动态释放实验样品中氨氮和磷酸盐的吸光度（表16-3）。绘制释放量与时间的关系曲线，计算动态释放速率常数 k。使用 Microsoft Excel 或 Origin 软件绘制，图表应准确规范。

表 16-3　动态释放实验样品吸光度和浓度

时间/min	5	10	30	60	90	120	180	300
氨氮吸光度								
氨氮浓度/(mg/L)								
磷酸盐吸光度								
磷酸盐浓度/(mg/L)								

③ 氮和磷的静态释放。记录氮和磷静态释放实验样品中氨氮和磷酸盐的吸光度（表16-4）。绘制释放量与时间的关系曲线，计算静态释放速率常数 k。使用 Microsoft Excel 或 Origin 软件绘制，图表应准确规范。

表 16-4　静态释放实验样品吸光度和浓度

时间/min			30	60	90	120
深度1	氨氮	吸光度				
		浓度/(mg/L)				
	磷酸盐	吸光度				
		浓度/(mg/L)				
深度2	氨氮	吸光度				
		浓度/(mg/L)				
	磷酸盐	吸光度				
		浓度/(mg/L)				

16.7　思考题

① 沉积物中氮磷的释放受到哪些因素的影响？

② 沉积物中氮磷的形态有哪些？

实验十七
土壤的 pH 值和阳离子交换量

17.1　实验目的

① 测定土壤的 pH 值和阳离子交换量。
② 理解土壤 pH 值和阳离子交换量对阳离子污染物吸附的影响。

17.2　实验原理

土壤是污染物迁移转化的重要场所。土壤对污染物的吸附及污染物在土壤中的迁移转化受土壤性质的影响。土壤黏土矿物以带负电荷为主，可以吸附阳离子污染物（如重金属阳离子），H^+ 是阳离子污染物吸附于土壤固相的主要竞争阳离子。土壤的阳离子交换性能和 H^+ 含量对污染物的归趋具有重要影响。

土壤溶液中 H^+ 活度的负对数（即土壤 pH）是一个重要的土壤性质，可用水处理土壤制成悬浊液，然后用 pH 计进行测定。在测定土壤 pH 时，选择一个合适的水土比是非常重要的。水土比愈大，pH 值愈高。文献报道 pH 值时需指明水土比。国际土壤学会规定水土比为 2.5∶1，我国例行分析中以 1∶1、2.5∶1、5∶1 较多。本实验采用 2.5∶1 的水土比。

土壤阳离子交换性能是指土壤溶液中的阳离子与土壤固相的阳离子之间进行交换的性能。它是由土壤胶体表面性质决定的。胶体是指分散质粒子的直径在 1～100nm 范围内的分散系，但是实际上土壤中直径<1000nm 的黏性颗粒都具有胶体的性质，所以通常所说的土壤胶体实际上是指直径在 1～1000nm 之间的土壤颗粒，因为这样大小的颗粒已明显表现出胶体性质，如黏粒又称为胶粒。土壤胶体一般可分为无机胶体、有机胶体、有机-无机复合胶体。土壤无机胶体主要指土壤黏土矿物，包括次生的铝硅酸盐黏土矿物和氧化物，前者是晶体结构，后者一般呈非晶体结构。次生铝硅酸盐黏土矿物是组成土壤无机胶体的主要成分，从外部形态上看是极细微的结晶颗粒，从内部构造上看，由两种基本结构单元——硅氧四面体和铝氧八面体所构成。黏土矿物常发生同晶替代：硅氧四面体中的 Si^{4+} 常被 Al^{3+} 部分取代，铝氧八面体中的 Al^{3+} 可部分地被 Fe^{2+}、Mg^{2+} 等离子取代。同晶替代使土壤产生永久电荷，能吸附土壤溶液中带相反电荷的离子，被吸附的离子通过静电引力被束缚在黏土矿物的表面，避免随水流失。土壤黏土矿物以带负电荷为主，吸附的离子以阳离子为主，主要是 Ca^{2+}、Mg^{2+}、Al^{3+}、Na^+、K^+ 和 H^+ 等。

另外，土壤中的有机物富含各种官能团（如羟基、羧基、酚羟基等），也可以提供相当的阳离子交换量。

土壤吸附的阳离子可被中性盐水溶液中的阳离子所交换。若无副反应，交换反应可以等物质的量进行。图 17-1 为用 Ba^{2+} 交换土壤吸附的阳离子的示意图。当交换剂浓度大、交换次数增加时，交换反应可趋于完全。然后用过量的强电解质硫酸溶液把交换到土壤中的钡离子交换下来，由于生成了硫酸钡沉淀，并且氢离子的交换吸附能力很强，交换基本完全。这样，通过测定交换反应前后硫酸含量变化，可算出消耗的酸量，进而算出阳离子交换量。这种交换量是土壤的阳离子交换总量，通常单位为 cmol/kg。

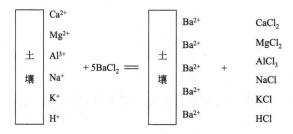

图 17-1　用 Ba^{2+} 交换土壤吸附的阳离子的示意图

17.3　实验仪器与试剂

17.3.1　实验仪器

pH 计、恒温振荡器、离心机、电子天平、15mL 离心管、50mL 离心管、100mL 锥形瓶、25mL 量筒、10mL 移液管、25mL 移液管、50mL（或 25mL）碱式或聚四氟乙烯滴定管、25mL 试管、250mL 锥形瓶、1000mL 烧杯、小烧杯、玻璃棒、滴管。

17.3.2　实验试剂

① 实验土壤：采集表层（0～20cm）和深层（20～40cm）土壤样品，风干，研磨，过 2mm 筛供 pH 测定用，过 200 目筛供阳离子交换量测定用。

② pH 为 4.01、6.87、9.18 标准缓冲溶液：购买。

③ 0.1mol/L NaOH 标准溶液：称 2g 分析纯 NaOH，溶解在 500mL 煮沸后冷却的蒸馏水中。

NaOH 标准溶液的标定：称取 0.5g 于 105℃烘箱中烘干后的邻苯二甲酸氢钾（分子量为 204.22）两份，分别放入 250mL 锥形瓶中，加 100mL 煮沸冷却的蒸馏水，溶解后再加 4 滴酚酞指示剂，用配制的 NaOH 标准溶液滴定到淡红色，再用煮沸冷却后的蒸馏水做一个空白试验，并从滴定邻苯二甲酸氢钾的 NaOH 溶液中扣除空白值。反应式为：

$$KHC_8H_4O_4 + NaOH \Longrightarrow KNaC_8H_4O_4 + H_2O$$

计算式：

$$N_{NaOH} = m / (V_{NaOH} \times 0.20422)$$

式中，N_{NaOH} 为氢氧化钠标准溶液的浓度，mol/L；$m=0.5g$；V_{NaOH} 为耗去的 NaOH 溶液体积，mL。

④ 0.5mol/L BaCl$_2$ 溶液：称取 60g BaCl$_2$·2H$_2$O 溶于 500mL 蒸馏水中。

⑤ 10g/L 的酚酞指示剂：称取 1g 酚酞，用 95% 的乙醇溶解并稀释到 100mL。

⑥ 0.2mol/L H$_2$SO$_4$ 溶液：用移液管移取 5.5mL 浓硫酸于蒸馏水中，稀释至 500mL。

17.4　实验内容与步骤

17.4.1　pH 的测定

① pH 计校正。参照 pH 计说明书操作。一般流程是把电极先插入 pH=4.01 的标准缓冲溶液中，读数稳定后按"校正"键。然后移出电极，用水冲洗，滤纸吸干后插入另一不同 pH 值的标准缓冲溶液中，重复上述操作。每次实验时更换 pH 标准缓冲溶液。

② 土壤 pH 的测定。称取过 2mm 筛孔的风干土样 2.00g 于 15mL 离心管，加入 5mL 去离子水（严格条件下应用去除二氧化碳的去离子水），25℃下 250r/min 振荡 30min，取出静置 30min，然后用 pH 计测定水层的 pH，记录读数。表层和深层土壤样品各做两个平行实验。

二维码17-1
土壤pH值的测定

17.4.2　阳离子交换量的测定

取 4 个洗净晾干且质量相近的 50mL 离心管，分别放在相应的 4 个小烧杯上，在电子天平上精确称出 4 个离心管的质量 W(g)。往其中两个离心管中各加入 1g 左右的表层风干土，另外两个离心管中分别加入 1g 左右的深层风干土，将 4 个离心管做好记号，记录好土壤样品的质量。

用量筒向各离心管中加入 20mL BaCl$_2$ 溶液，用玻璃棒搅拌 4min。将 4 个离心管放入离心机内，以 2000r/min 的转速离心 5min，直到管内上层溶液澄清，下层土壤紧密结实为止。离心结束后倒尽上层溶液。再加入 20mL BaCl$_2$ 溶液，重复上述步骤再交换一次。离心结束后保留离心管内的土层。

向离心管内倒入 20mL 蒸馏水，用玻璃棒搅拌 1min。在离心机内离心（2000r/min，5min），直到土壤完全沉积在离心管底部，上层溶液澄清为止。倒尽上层清液，将离心管连同管内土样一起，放在相应的小烧杯上，在电子天平上称出各管的质量 G(g)。

往离心管中移入 25mL 0.2mol/L H$_2$SO$_4$ 溶液，搅拌 10min 后放置 20min，离心沉降。离心后把管内清液分别倒入 4 个洗净烘干的试管内，再从 4 个试管中各移出 10mL 溶液到 4 个干净的 100mL 锥形瓶内。另外移出两份 10mL 0.2mol/L H$_2$SO$_4$ 溶液到第五、第六个锥形瓶内。在 6 个锥形瓶中各加入 10mL 蒸馏水和 2 滴酚酞指示剂，用标准 NaOH 溶液滴定到红色刚好出现并于数分钟内不褪色为终点。将 10mL 0.2mol/L H$_2$SO$_4$ 溶液耗去的 NaOH 溶液体积 A（mL）和样品消耗 NaOH 溶液体积 B（mL）、NaOH 溶液的准确浓度 N 连同以上数据一起记入表 17-1 中。

二维码17-2
土壤阳离子交换量
的测定

表 17-1　数据记录表

土壤	表层土		深层土		A/mL	1
	1	2	1	2		2
干土重/g						
W/g						平均
G/g						
m/g						
B/mL						
交换量/(cmol/kg)					N	
平均交换量/(cmol/kg)						

17.5　数据处理

① 土壤 pH 值直接从 pH 计读取。

② 按下式计算土壤阳离子交换量：

$$交换量 = \dfrac{\left(A \times 2.5 - B \times \dfrac{25+m}{10}\right) \times N}{干土重} \times 100$$

式中，A、B、N 代表的意义如上所述；m 为加 H_2SO_4 前土壤的水量（$G-W-$干土重）。

17.6　思考题

① 就你的实验数据说明两种土壤 pH 和阳离子交换量存在差别的原因。

② 实验采用的是测定阳离子交换量的快速法，还有哪些方法可以采用？

③ 试述土壤 pH 及离子交换作用对污染物迁移的影响。

实验十八
土壤脲酶活性测定

18.1　实验目的

① 掌握土壤脲酶活性测定的方法，了解实验土壤的脲酶活性。
② 了解尿素在土壤环境中的降解转化。

18.2　实验原理

　　酶是一类高分子生物催化剂。土壤酶是有机体合成的，在有机体生长过程中分泌到体外，或者在有机体死后释放到环境中。土壤中的一切生物化学反应实际上都是在酶的参与下进行的。所有的酶均显示活性，酶的显著特征之一是催化反应专一性，例如，脲酶对尿素的催化降解就极其专一。土壤的酶活性反映了土壤中进行的各种生物化学过程的强度和方向。

　　土壤中酶的来源有两种：一是来自高等植物根系分泌及土壤中动植物残体分解；二是来源于土壤微生物的生命活动。土壤酶可分为胞内酶和胞外酶两种。胞外酶或溶出后的胞内酶进入土壤结构后，均具有相对稳定性，如能抗微生物分解和具有热稳定性等。它们以三种形式存在于土壤中：一是以吸附状态贮存于土壤中，二是与土壤腐殖质复合存在，三是以游离状态存在。

　　脲酶是酰胺水解酶的一种，在自然界中分布广泛，植物、动物和微生物细胞中均含有此酶。脲酶能促使尿素水解转化成氨和二氧化碳，反应如下：

$$H_2N-\underset{\underset{O}{\|}}{C}-NH_2 + H_2O \xrightarrow{\text{脲酶}} 2NH_3 + CO_2$$

　　土壤脲酶对土壤中氮的转化，特别是对尿素的利用率等具有重要的影响。尿素是一种优质氮肥，在世界农业生产中广泛应用。因此，对参与尿素水解的脲酶进行研究，测定脲酶的活性，利用其活性提高尿素的利用率，具有重要的意义。脲酶中含有镍元素，分子量在151000～480000之间。环境中的有毒物质能够抑制脲酶的活性。在土壤 pH 值为 6.5～7.0时，脲酶活性最大，通过测定土壤释放出的 NH_3 量，可以确定脲酶的活性。土壤中脲酶活性一般以37℃培养48h后单位质量（g）土壤释放出的 NH_3-N 的质量（mg）表示。

18.3 实验仪器与试剂

18.3.1 实验仪器

恒温培养箱、电热套、分析天平、空气振荡器、50mL 酸式滴定管、250mL 锥形瓶、三口烧瓶、50mL 比色管、100mL 容量瓶、100mL 量筒、升降台、滤纸、漏斗、玻璃棒、冷凝管、塞子、滴管、移液管。

18.3.2 实验试剂

磷酸盐缓冲溶液（pH＝6.8）：准确称取 7.16g $Na_2HPO_4 \cdot 12H_2O$，加蒸馏水定容至 100mL，制成 0.2mol/L 的 Na_2HPO_4 母液。准确称取 3.12g $NaH_2PO_4 \cdot 2H_2O$，加蒸馏水定容至 100mL，制成 0.2mol/L 的 NaH_2PO_4 母液。取 49mL 0.2mol/L 的 Na_2HPO_4 母液和 51mL 0.2mol/L 的 NaH_2PO_4 母液混合即得到 pH＝6.8 的磷酸盐缓冲溶液。

100g/L 尿素溶液：准确称取 10g 尿素，溶于 100mL 蒸馏水中。

2mol/L KCl 溶液：准确称取 14.9g KCl 固体，溶于蒸馏水中，定容至 100mL。

40g/L 硼酸溶液：准确称取 4g 硼酸固体，溶于蒸馏水中，定容至 100mL。

4mol/L NaOH 溶液：准确称取 16g NaOH 固体，溶于蒸馏水中，定容至 100mL。

甲基红-亚甲基蓝混合液：2mg/mL 甲基红无水乙醇溶液，1mg/mL 亚甲基蓝无水乙醇溶液，二者以体积比 2∶1 混合。

盐酸标准溶液（0.1mol/L）：取 0.8mL 浓盐酸于蒸馏水中稀释，定容至 100mL，用碳酸钠标准溶液标定。

实验土壤。

18.4 实验内容与步骤

① 取两个 250mL 锥形瓶，各加入 5.0g 实验土壤，再用移液管各加入 10mL 磷酸盐缓冲溶液（pH＝6.8）。振荡 15min，使混合均匀。往第一瓶内均匀加入 10mL 100g/L 的尿素溶液，充分混匀，作为试样。第二瓶内加入 10mL 蒸馏水，作为对照。将两个锥形瓶置于 37℃培养箱中培养 48h（要塞上纱布塞子）。

② 培养结束后，往两个瓶内各加入 50mL 2mol/L KCl 溶液。塞紧后再振荡 30min。到时立即将试样过滤（滤纸可以用蒸馏水润湿）到三口烧瓶内。

③ 在过滤的间隙取两个 50mL 比色管，各加入 10mL 40g/L 硼酸溶液。将 50mL 比色管放置在冷凝管下，使冷凝管出口尖端插入硼酸溶液中，准备蒸馏。

④ 过滤完毕后，迅速往三口烧瓶内加入 20mL 4mol/L 的 NaOH 溶液，立即塞上塞子。接通冷凝水，用电热套加热蒸馏。

⑤ 当馏出液达到 50mL 左右时，停止蒸馏。取下比色管，将管内接收液定量转入 250mL 锥形瓶中，加 4～5 滴指示剂（甲基红-亚甲基蓝混合液），用 0.1mol/L 的盐酸标准

溶液滴定瓶内的氨，滴定到由绿色变为淡紫色时即为终点。分别记录试样和对照消耗的盐酸体积 V 和 V_0，单位为 mL。

18.5　注意事项

① 蒸馏过程要严格遵守操作规程，注意安全。
② 滴定过程要注意滴定终点。

18.6　数据处理

用以下公式计算土壤脲酶的活性（以 NH_3-N 计，mg/g）：

$$活性 = \frac{c\,(V-V_0)\times 14.0}{W}$$

式中，W 为称取的样品质量 g；c 为盐酸的浓度，mol/L。

18.7　思考题

① 除了测定尿素降解产物氨外，还有什么方法可以测定脲酶的活性？
② 实验步骤④中为什么要迅速加入 NaOH 溶液？
③ 如果蒸馏氨时，吸收液倒吸到冷凝管中，应该如何解决？

实验十九
气相色谱-质谱法测定水中的多环芳烃

19.1 实验目的

① 掌握固相萃取的操作方法。
② 了解气相色谱-质谱法测定多环芳烃（PAHs）的方法。

19.2 实验原理

多环芳烃（PAHs）是指含两个或两个以上苯环的芳烃。它们主要有两种组合方式：一种是非稠环型，即苯环与苯环之间各由一个单键相连，如联苯、三联苯等；另一种是稠环型，即两个碳原子为两个苯环所共有，如萘、蒽等。多环芳烃一般指的是后者，即稠环型。

多环芳烃的来源分为自然源和人为源。自然源主要来自陆地、水生植物和微生物的生物合成过程，森林、草原的天然火灾及火山的喷发物以及化石燃料、木质素和底泥中也存在多环芳烃；人为源主要是由各种矿物燃料（如煤、石油和天然气等）、木材、纸以及其他含烃物质的不完全燃烧或在还原条件下热解形成的。

多环芳烃由于具有毒性、遗传毒性、突变性和致癌性，对人体可造成多种危害，如对呼吸系统、循环系统、神经系统造成损伤，对肝脏、肾脏造成损害。多环芳烃被认定为影响人类健康的主要有机污染物。

很多国家有针对多环芳烃的法律法规，相应地也发展了多环芳烃的检测方法。本实验应用固相萃取（SPE）、气相色谱-质谱法（GC/MS）检测水样中典型的多环芳烃。应用 C_{18} 固相萃取柱对样品中的多环芳烃进行浓缩净化，再使用气相色谱-质谱法对样品进行检测。

19.3 实验仪器与试剂

19.3.1 实验仪器

气相色谱-质谱联用仪（Thermo Trace 1310-ISQ）、固相萃取装置、循环水真空泵、SPE 柱（C_{18}，200mg，6mL）、量筒、移液管、15mL 离心管、一次性注射器（10mL）、100μL 微量注射器、50μL 微量注射器、1μL 进样针、10mL 容量瓶、胶头滴管。

19.3.2　实验试剂

水样、甲醇（色谱纯）、正己烷（色谱纯）、多环芳烃混标（USEPA 16 种多环芳烃混合物，浓度各为 $200\mu g/mL$，溶于高纯甲苯）。

19.4　实验内容与步骤

19.4.1　固相萃取

① 在固相萃取装置内放置废液缸，安装好，接好 SPE 柱，SPE 柱下端的调节阀门置于关闭状态。

② 打开循环水真空泵，用一次性注射器（标记甲醇）向 SPE 柱内加 5mL 甲醇，慢慢调节 SPE 柱下端阀门，使液体逐滴滴入废液缸，甲醇全部滴完后，关闭阀门。

③ 用一次性注射器（标记水）向 SPE 柱内加 5mL 纯水，调节成与甲醇一样的流速，将水滴完，立即关闭阀门。

④ 用量筒量取 50mL 水样，用胶头滴管吸取一定体积（3～5mL）的水样，加入 SPE 柱，调节阀门，流速同甲醇和纯水，逐次加入水样，至 50mL 全部加完。待 50mL 水样全部通过 SPE 柱，保持阀门开放状态，计时 5min，吹干 SPE 柱内填料。

⑤ 关闭 SPE 柱下端阀门，关闭真空泵，待固相萃取装置内气压恢复到大气压，打开装置，用样品管架替代废液盒，并在 SPE 柱的正下方孔内放置 15mL 离心管，用于接收样品溶液，安放好固相萃取装置的盖子，打开真空泵。

⑥ 用一次性注射器抽取 5mL 正己烷，采用与甲醇和水一样的方法，使 5mL 正己烷通过 SPE 柱后流入离心管。离心管里的溶液为待测溶液。

19.4.2　配制 PAHs 标准系列溶液

用微量注射器吸取多环芳烃混标 $100\mu L$，置于 10mL 容量瓶内，用正己烷稀释至刻度，摇匀，此溶液中多环芳烃混标浓度为 $2\mu g/mL$，为多环芳烃标准溶液。用微量注射器及移液管吸取多环芳烃标准溶液 0.05mL、0.10mL、0.25mL、0.50mL、1.00mL、2.00mL 于 10mL 容量瓶中，用正己烷稀释至刻度，配制成 $10\mu g/L$、$20\mu g/L$、$50\mu g/L$、$100\mu g/L$、$200\mu g/L$、$400\mu g/L$ 的标准系列溶液。

19.4.3　气相色谱-质谱法测定样品

色谱条件：载气为纯度 99.9999％的 He，流速为 50mL/min，进样口温度为 290℃，分流模式进样，分流比为 30∶1，进样量为 $1\mu L$，DB-5MS 色谱柱规格为 30m × 0.25mm×$0.25\mu m$。

程序升温模式：80℃保持 2min，以 6℃/min 升至 290℃，保持 5min。

质谱条件：传输线温度为 280℃，EI 源温度为 300℃，溶剂延迟为 3min，扫描（SCAN，m/z 35～400）模式优化实验条件，选择离子检测（SIM）模式用于定性和定量分析。

首先测定标准系列溶液，再测定样品溶液，每次进样前用色谱纯正己烷洗进样针 3 次。

二维码19-1
气相色谱-质谱法测
定水中的多环芳烃

19.5 数据处理

根据所用气相色谱-质谱联用仪的软件说明书用相应软件进行数据处理，得到所测样品溶液中各多环芳烃的浓度。

根据样品前处理时的水样体积和浓缩净化后的样品溶液体积，计算原水样中多环芳烃的浓度。

19.6 思考题

① SPE 一般有活化、上样、淋洗、洗脱 4 个步骤，简单说明这 4 个步骤的作用。

② 查阅资料，分析气相色谱-质谱法适合测定哪些污染物，并说明原因。

③ 查阅资料，确定本实验中测定的几种多环芳烃的特征离子。

④ 试阐述如何应用气相色谱-质谱法对待测污染物进行定性和定量分析。

实验二十
土壤中重金属的有效态和连续提取形态分析

20.1 实验目的

① 掌握土壤中有效态镉提取的原理和方法。
② 掌握土壤重金属连续提取的原理和方法。

20.2 实验原理

元素的形态是生态地球化学和环境土壤学调查的重要内容之一，是研究元素迁移和转化等循环规律的重要基础。重金属等痕量元素的毒性和迁移能力主要取决于它们特定的化学形态和结合状态。

土壤中的重金属并非全部能被植物吸收，能被植物吸收的那部分重金属为有效态重金属。测定土壤中有效态重金属含量时，先用化学试剂选择性地提取水溶态及易解吸的重金属，提取的原理主要是离子交换和螯合作用，然后测定提取液中的重金属含量。文献中所采用的化学试剂有多种。本实验依据我国国家标准 GB/T 23739—2009 中规定的测定土壤有效态镉含量的方法，先用螯合剂 DTPA（二乙基三胺五乙酸）提取土壤镉，DTPA 能迅速与镉离子生成水溶性化合物。再用石墨炉原子吸收分光光度计测定提取液中的镉浓度。DTPA 提取态镉与作物对镉的吸收有较高的相关性。

有时希望对重金属的赋存状态进行更细致的分析，以了解有效态重金属的比例和归趋。此时可采取连续提取（亦称逐级提取、顺序提取），即用更强的提取剂及提取条件提取上一组分中剩余的重金属。连续提取相对来说是一种实验操作意义上的概念，通过合理使用一系列选择性试剂连续溶解不同吸附痕量元素的矿物相，将样品中不同赋存状态的元素解吸出来。土壤中金属形态的连续提取方法有很多种，没有统一的规定，研究者会根据不同的重金属及样品优化提取方法。最常用的连续提取方法是 BCR 法和 Tessier 法。本实验采用 BCR 法。BCR 法由欧共体物质标准局提出，被我国国家标准 GB/T 25282—2010 所采用。BCR 法分三步提取土壤中的镉。第一步为乙酸提取的弱酸提取态，第二步为盐酸羟胺溶液提取的可还原态，第三步为过氧化氢和乙酸铵溶液提取的可氧化态。提取液中镉的浓度用石墨炉原子吸收分光光度计测定。第一步乙酸溶液提取的元素形态主要包括水溶态元素，被静电吸附在土壤和沉积物颗粒表面、可被离子交换释放的元素形态，以及束缚在碳酸盐中的元素形态。因此 BCR 法的第一步也被视为一种提取土壤中有效态重金属的方法。第二步提取的元素形态主要指被氧化铁、氧化锰等吸附的元素形态。酸性条件下盐酸羟胺可还原溶解铁、锰氧化物。第三步提取的元素形态主要指与有机质活性基团结合的元素形态，以及硫化物被氧化为可溶性硫酸盐形式的元素形态。过氧化氢为强氧化剂，用其氧化土壤或沉积物后，再用乙酸铵溶液提取。

20.3 实验仪器与试剂

20.3.1 实验仪器

原子吸收分光光度计（附石墨炉、镉空心阴极灯）、分析天平、摇床、离心机、研钵、2mm 尼龙筛、100μm 筛、50mL 离心管、50mL 和 1000mL 烧杯、50mL 和 1000mL 容量瓶、100mL 具塞锥形瓶、25mL 移液管、微量进样器、恒温水浴锅。

20.3.2 实验试剂

（1）DTPA 提取土壤有效态镉所需试剂

盐酸（优级纯）、硝酸（优级纯）、硝酸溶液（1+1）、硝酸溶液（体积分数为 3%）、盐酸溶液（6mol/L）。

DTPA 提取剂 [0.005mol/L DTPA + 0.1mol/L TEA（三乙醇胺）+ 0.01mol/L $CaCl_2$]：称取 1.967g DTPA 溶于 14.92g（13.3mL）TEA 和少量水中，再将 1.11g $CaCl_2$ 溶于水中，一并转入 1000mL 容量瓶中，加水至约 950mL，用 6mol/L 盐酸溶液调节 pH 至 7.30（每升提取剂需加 6mol/L 盐酸溶液约 8.5mL），最后用水定容，贮存于塑料瓶中。

（2）BCR 法连续提取土壤镉所需试剂

硝酸溶液（1+7）。

乙酸溶液 [$c(HAc) = 0.11mol/L$]：在 1000mL 容量瓶中加入约 0.5L 水，移取 25.00mL 乙酸，用水稀释至刻度，摇匀。移取配制好的溶液 250.0mL 于 1000mL 容量瓶中，用水稀释至刻度，摇匀。

盐酸羟胺溶液 [$c(NH_2OH \cdot HCl) = 0.50mol/L$]：准确称取 34.75g 盐酸羟胺置于 1000mL 烧杯中，加入约 400mL 水溶解。溶解后移入 1000mL 容量瓶中，加 25.00mL 硝酸（1+7），用水稀释至刻度，摇匀。现用现配。

过氧化氢溶液 [$c(H_2O_2) = 8.8mol/L$]：使用由制造商提供的过氧化氢即可，此过氧化氢的 pH 值为 2~3。

乙酸铵溶液 [$c(NH_4Ac) = 1.000mol/L$]：准确称取 77.08g 乙酸铵置于 1000mL 烧杯中，加入约 800mL 水溶解，溶解后移入 1000mL 容量瓶中，用浓硝酸调节 pH 值至 2.0，用水稀释至刻度，摇匀。

（3）镉标准溶液

镉标准储备溶液：称取 1.0000g（精确至 0.0002g）光谱纯金属镉于 50mL 烧杯中，加入 20mL 硝酸溶液（1+1），微热溶解，冷却后转移至 1000mL 容量瓶中，用水定容至标线，摇匀，此溶液镉的含量为 1000mg/L。

镉标准中间溶液：吸取 1000mg/L 镉标准储备溶液，用硝酸溶液（体积分数为 3%）逐级稀释至 0.05mg/L，此溶液作为镉标准中间溶液，临用前配制。

镉标准系列工作溶液的配制：分别吸取 0.00mL、0.50mL、1.00mL、2.00mL、3.00mL、5.00mL 镉标准中间溶液于 50mL 容量瓶中，用水稀释至刻度，摇匀。此标准系列工作溶液相当于镉的质量浓度分别为 0.00μg/L、0.50μg/L、1.00μg/L、2.00μg/L、3.00μg/L、5.00μg/L 的溶液，适用于一般样品测定。

20.4　实验内容与步骤

20.4.1　试样制备

土壤样品风干，研钵磨碎，过 2mm 尼龙筛（DTPA 提取用），然后取部分土样，研钵磨碎，过 100μm 筛（BCR 连续提取用）。

20.4.2　DTPA 提取土壤有效态镉

（1）镉的提取

称取 5.00g 通过 2mm 尼龙筛的风干土壤样品，置于 100mL 具塞锥形瓶中，用移液管加入 25.00mL DTPA 提取剂，在室温[(25±2)℃]下放入摇床中，每分钟往复振荡 180 次，提取 2h。取下，离心并过滤，最初 5～6mL 滤液弃去，后面滤下的滤液上机测定。每批样品需至少制备 2 个空白溶液。

（2）标准曲线制作

将标准曲线工作液按浓度由低到高的顺序各取 20μL 注入石墨炉，测其吸光度值，以标准曲线工作液的浓度为横坐标，相应的吸光度值为纵坐标，绘制标准曲线并求出吸光度与浓度关系的一元线性回归方程。

标准曲线工作液应取不少于 5 个点的不同浓度的镉标准溶液，相关系数不应小于0.995。如果有自动进样装置，也可用程序稀释来配制标准系列溶液。

（3）样品溶液测定

于测定标准曲线工作液相同的实验条件下，吸取样品溶液 20μL（可根据使用仪器选择最佳进样量），注入石墨炉，测其吸光度值。代入标准系列的一元线性回归方程中求样品溶液中镉的含量，平行测定次数不少于两次。若测定结果超出标准曲线范围，用 DTPA 提取剂稀释后再进行测定。

根据所用仪器型号将仪器调至最佳状态。原子吸收分光光度计（附石墨炉及镉空心阴极灯）测定参考条件如下：波长 228.8nm，通带宽度 1.3nm，灯电流 7.5mA，干燥温度 80～130℃，干燥时间 30s，灰化温度 500℃，灰化时间 20s，原子化温度 1500℃，原子化时间 2s。

20.4.3　BCR 法连续提取土壤中的镉

（1）镉的提取

分三步连续提取。每批样品需至少制备 2 个空白溶液。

第一步（弱酸提取态）：称取 0.5g 土样于 50mL 离心管中，加入 20.00mL 乙酸溶液，摇匀，盖上盖子，在室温条件下于摇床中往复振荡 16h，振荡后离心。将离心管中上层液体，即提取液 L1 过滤至 50mL 离心管中。当天测定或贮于 0～4℃ 冰箱中待测。

在离心管中加入 10mL 水，盖上盖子，摇匀。在室温下于摇床中往复振荡 15min 后离心。倒掉离心管中的上层液体（不能将任何固体剩余物倒出），离心管中为固体剩余物 R1。

第二步（可还原态）：在装有固体剩余物 R1 的离心管中加入 20.00mL 盐酸羟胺溶液，摇匀，盖上盖子，在室温下于摇床中往复振荡 16h 后离心。将离心管中上层液体，即提取液 L2 过滤至 50mL 离心管中。当天测定或贮于 0～4℃ 冰箱中待测。

在离心管中加入 10mL 水，盖上盖子，摇匀。在室温下于摇床中往复振荡 15min 后离心。倒掉离心管中的上层液体（不能将任何固体剩余物倒出），离心管中为固体剩余物 R2。

第三步（可氧化态）：在装有固体剩余物 R2 的离心管中分 3～4 次缓慢加入 5.00mL 过氧化氢溶液，盖上盖子（不要拧紧），室温下消化 1h，消化过程中每 10min 手动摇晃一次。继续在 85℃ 恒温水浴锅中消化 1h，每 10min 手动摇晃一次。然后移去盖子，继续加热控制体积小于 1.5mL。取出离心管，冷却。再分 3～4 次小心加入 5.00mL 过氧化氢溶液，盖上盖子，在恒温水浴锅中加热消化 1h，每 10min 手动摇晃一次。然后移去盖子，继续加热控制体积约 0.5mL（不要蒸干！）。取下离心管，冷却。向离心管中加入 25.00mL 乙酸铵溶液，摇匀，盖上盖子，在室温下于摇床中往复振荡 16h，振荡后离心。将离心管中上层液体，即提取液 L3 过滤至 50mL 离心管中。当天测定或贮于 0～4℃ 冰箱中待测。

（2）标准曲线制作

同第 20.4.2 节。

（3）样品溶液测定

同第 20.4.2 节。

二维码20-1
土壤中重金属的
有效态和连续提取
形态分析

20.5 注意事项

① 实验中用到强酸的步骤，须在通风橱内进行。操作人员需穿实验服，佩戴手套和护目镜，防止皮肤和眼睛接触强酸。

② 过氧化氢有强氧化性，操作人员需穿实验服，佩戴手套（PE 手套外套橡胶手套）和护目镜，防止皮肤和眼睛接触过氧化氢。

20.6 数据处理

20.6.1 DTPA 提取态镉含量计算

$$c = \frac{(c_1 - c_0)V}{1000m}$$

式中　c——试样中重金属含量，mg/kg；

c_1——样品提取液中重金属含量，$\mu g/L$；

c_0——空白提取液中重金属含量，$\mu g/L$；

V——试样提取液体积，mL；

m——烘干试样质量，g。

重复实验结果以算术平均值表示，保留 3 位有效数字。

20.6.2　BCR 法连续提取各组分镉含量计算

同第 20.6.1 节。

20.7　思考题

① 除了 DTPA 提取剂，还有什么试剂常用于土壤有效态镉的提取？选取提取剂的主要依据是什么？

② BCR 连续提取法中每一步主要提取的是什么赋存状态的镉？

③ 查阅相关文献，比较 BCR 连续提取法和 Tessier 连续提取法。

实验二十一
土壤中酚的转化强度

21.1　实验目的

① 了解有机物在土壤中的降解转化。

② 测定酚在土壤中的转化强度。

③ 掌握测定土壤含水率的方法。

21.2　实验原理

在有生产力的土壤中存在大量活跃的微生物和原生动物等。在这些微型生物的生命活动中存在着对生命活动有很大影响的代谢过程。代谢过程通常包含两个既独立又相互依存的过程，即合成代谢和分解代谢。生物有机体通过这两个过程的交互进行，引起物质的降解、营养物质的吸收、能量的转化以及各种生物代谢产物的合成来维持生命活动。

有机污染物可作为环境微生物的碳源和能源，被微生物分解。有机污染物可在微生物分泌酶的作用下发生多种类型的转化，主要有水解、氧化、还原。物质的分解可以是多种反应的接续过程，最终可以分解为水和二氧化碳，称为矿化。

酚类是土壤环境中一种典型的有机污染物，可由环境污染排入土壤中或在生物氧化过程中由其他污染物产生，如多环芳烃产生酚类物质。在土壤微生物作用下，酚类可通过生命的代谢过程转化成二氧化碳和水。土壤中的酚类物质除降解转化外，有一部分通过蒸发进入大气，另一部分则通过吸附作用被土壤截留。

土壤微生物群落的丰度和种类以及土壤的条件（如水分和温度）都会对微生物降解的活性产生显著影响。另外，土壤颗粒的性质影响酚类的赋存状态，对微生物转化的生物有效性产生影响。本实验以灭菌后的土壤作为对照，确定新鲜土壤中酚的转化强度。土壤中的酚用蒸馏水提取后用比色法测定。

21.3　实验仪器与试剂

21.3.1　实验仪器

紫外可见分光光度计、1cm 比色皿、振荡器、生化培养箱、烘箱、2mm 孔径土壤筛、高压灭菌器、电子天平、50mL 比色管、100mL 锥形瓶、250mL 锥形瓶、25mL 锥形瓶、1mL 移液管、10mL 移液管、20mL 移液管、100mL 离心管、100mL 容量瓶、250mL 容量瓶、1000mL 容量瓶、50mL 量筒、250mL 碘量瓶、碱式滴定管、漏斗、培养皿、100mL 棕色瓶、水浴锅、电炉、蒸馏瓶、冷凝管、250℃温度计、软木塞、滤纸、铝箔、滴管。

21.3.2　实验试剂

① 灭菌水：取蒸馏水在高压灭菌器内灭菌制得。

② 缓冲液：称 20g NH_4Cl 溶在 100mL 浓氨水中，其 pH 值约为 9.8。

③ 显色剂：称 4g 4-氨基安替比林，溶在 100mL 蒸馏水中，贮于棕色瓶内，4℃保存于冰箱中。

④ 铁氰化钾（$K_3[Fe(CN)_6]$）溶液：称 8g 铁氰化钾，溶于 100mL 蒸馏水中，贮于棕色瓶内，保存于冰箱中。

⑤ 苯酚精制：将苯酚置于 50～70℃ 热水浴中熔化，小心移入蒸馏瓶中。瓶塞用包有铝箔的软木塞，其中插有一支 250℃温度计。蒸馏瓶的支管与空气冷凝管连接，用 25mL 干燥磨口锥形瓶作接收器，在通风橱内用电炉小心加热蒸馏，弃去开始带色馏出物，收集 182～184℃无色馏出物，密封后于暗处保存。

⑥ 0.1mol/L KBr-$KBrO_3$ 溶液：称 0.696g $KBrO_3$，加 2.5g KBr，用蒸馏水溶解后定容到 250mL。

⑦ 0.0250mol/L $K_2Cr_2O_7$ 溶液：称取 0.7355g $K_2Cr_2O_7$ 粉末，用蒸馏水定容到 100mL。

⑧ 0.1mol/L $Na_2S_2O_3$ 溶液：称取 1.5812g $Na_2S_2O_3$ 粉末，用蒸馏水定容到 100mL。

⑨ 淀粉溶液：10g/L 的淀粉水溶液。

⑩ $Al(OH)_3$ 凝胶：称 12.5g $KAl(SO_4)_2 \cdot 12H_2O$，溶在 100mL 水中，加热到 60℃左右，徐徐加入 5.5mL 浓氨水，充分搅拌后静置沉降。倒出上层清液，再加 30mL 蒸馏水，使用前摇匀。

⑪ 苯酚储备液：称 0.5g 左右精制后的苯酚，溶在 100mL 灭菌水中。

⑫ 苯酚标准储备液：移取 20mL 苯酚储备液到 100mL 容量瓶内，用灭菌水定容，按下法标定其准确浓度。

取一个 250mL 碘量瓶，加入 1g KI、50mL 去离子水、20mL 0.0250mol/L $K_2Cr_2O_7$ 溶液、5mL 6mol/L H_2SO_4，于暗处放置 5min。用 $Na_2S_2O_3$ 溶液滴定到淡黄色，加 1mL 淀粉溶液，继续用 $Na_2S_2O_3$ 溶液滴定到深蓝色褪去，记录消耗 $Na_2S_2O_3$ 溶液的体积 V，则 $Na_2S_2O_3$ 溶液浓度（M）为：

$$M = \frac{0.0250 \times 20.00 \times 6}{V} = \frac{3.000}{V}$$

取 10.00mL 待标定的苯酚标准储备液于 250mL 碘量瓶中，准确加入 10.00mL 0.1mol/L KBr-$KBrO_3$ 溶液，加 50mL 水及 5mL 浓 HCl，摇匀。放置 15min 后加 1g 固体 KI，摇匀，在暗处放 5min。用已标定浓度的上述 $Na_2S_2O_3$ 溶液滴定到淡黄色，加 1mL 淀粉溶液，继续用 $Na_2S_2O_3$ 溶液滴至蓝色刚好褪去。同时以去离子水做空白试验。

$$c = \frac{M(V_1 - V_2) \times 15.68}{10.00}$$

式中，c 为苯酚标准储备液的浓度，mg/mL；M 为 $Na_2S_2O_3$ 标准溶液的浓度，mol/L；V_1 为空白滴定时 $Na_2S_2O_3$ 标准溶液用量，mL；V_2 为滴定苯酚标准储备液时 $Na_2S_2O_3$ 标准溶液用量，mL；15.68 为苯酚发生氧化的电子当量。

⑬ 苯酚标准液：取已标定浓度的苯酚标准储备液若干，放入 1000mL 容量瓶内，使其定容后浓度为 0.020mg/mL。

21.4　实验内容与步骤

① 找一块干湿适宜的土地，刮去 1～2cm 厚的表土，取深度为 2～8cm 的土壤 200g 左右，放入瓷盘中，混匀后用 2mm 孔径土壤筛筛出备用。

② 取一个干净的培养皿，称出其质量（精确到 0.001g）。加入 10g 左右土壤，再准确称出质量（精确到 0.001g），然后放入 105℃烘箱内烘至恒重后放入干燥器内，冷却后再称重。计算土壤含水率，数据记入表 21-1 中。

表 21-1　计算土壤含水率

培养皿重/g	皿+湿土重/g	皿+干土重/g	含水率 P/%

③ 取 4 个 250mL 锥形瓶，往其中两个瓶内各放入 20g 过筛后的土壤，作为对照试样。4 个瓶均放入高压灭菌器内灭菌 20min。灭菌结束后取出锥形瓶，冷却后往两个空锥形瓶中各加入 20g 土壤，作为样品培养土。各瓶做好标记，摇匀 4 个瓶内的土壤，使其均匀平铺在瓶底。移出 1.00mL 苯酚储备液，逐滴分散地滴在土壤上。4 瓶土壤都滴完苯酚后，各加入 20mL 冷却后的灭菌水，瓶口包上棉塞，放在 30℃培养箱中培养 48h。

④ 培养完毕各加入 30mL 去离子水，振荡 20min。振荡完毕将混合物倒入 100mL 离心管中，以 2000r/min 的转速离心 5min。上层溶液倒入 100mL 容量瓶内，再用 40mL 去离子水少量多次洗涤锥形瓶，洗涤液倒入离心管中，再离心 5min。上层溶液合并入容量瓶内，往容量瓶内加入 2mL 的 $Al(OH)_3$ 凝胶，再用去离子水定容。充分摇匀后，通过定量滤纸过滤到洗净烘干的 100mL 锥形瓶内。移出 10mL（V_1）对照滤液和 10mL（V_2）样品滤液，分别放入 50mL 比色管中，用去离子水稀释到刻度。

⑤ 取 6 支 50mL 比色管，分别加入 0mL、2.00mL、4.00mL、6.00mL、8.00mL、10.00mL 苯酚标准液，用去离子水稀释到刻度，标记为 0 号、1 号、2 号、3 号、4 号、5 号。

二维码21-1
土壤中酚的转化
强度测定

⑥ 往上述溶液中分别加入 1mL 缓冲液，摇匀；加入 1mL 显色剂，摇匀；再加入 1mL $K_3[Fe(CN)_6]$ 溶液，摇匀。显色后 10～30min 内用 1cm 比色皿在紫外可见分光光度计上于 510mm 波长处，以 0 号标准液为空白测定吸光度，数据填入表 21-2 中。

表 21-2　标准溶液及样品吸光度

项目	标准溶液					对照		样品	
	1	2	3	4	5	1	2	1	2
吸光度									
苯酚/mg									

21.5　数据处理

① 按标准溶液数据，以吸光度对苯酚的质量绘制标准曲线。

② 由对照组和样品组的吸光度从标准曲线上查出相应的苯酚质量（mg），并求出对照组的平均值 A 和样品组的平均值 B，按下式求土壤中酚的转化强度。

$$转化强度 = \frac{A \times \dfrac{100}{V_1} - B \times \dfrac{100}{V_2}}{20(1-P)}$$

21.6　思考题

① 分析排入土壤中的酚类物质的归宿。

② 取土时为何要刮去表层土？

③ 分析环境温度对酚的转化强度的影响。

实验二十二
多环芳烃在生物炭上的吸附解吸

22.1 实验目的

① 学习有机污染物吸附动力学和热力学的研究方法。
② 学习有机污染物解吸热力学的研究方法。
③ 了解不同温度制备的生物炭吸附多环芳烃的主要机制。
④ 了解多环芳烃在不同温度制备的生物炭上解吸行为的差异。

22.2 实验原理

生物炭是指由农业废弃物在厌氧或限氧条件下经高温（通常低于700℃）热解生成的一类高度芳香化的聚合物。生物炭具有多种环境效益，例如，添加生物炭可以提高土壤对营养元素的固定作用，促进有益微生物的生长和改善土壤质量，生物炭还可以作为重要碳汇减少二氧化碳的排放，缓和气候变暖。因此，生物炭的应用在环境领域引起广泛关注。

由于高效能和价格便宜的特点，生物炭被用于受污染环境的修复中。生物炭颗粒具有多孔性和高比表面积，含有高度芳香化的结构，表面还残余羟基、酚羟基和羧基等极性官能团，这使其对各类污染物均具有较强的吸附固定能力。但在一定条件下，吸附的有机污染物会缓慢地释放出来，重新进入水体环境或土壤溶液中，成为二次污染源。与吸附作用相比，解吸现象对污染物的持久性和生态风险有更为重要的影响，同时也影响污染物的治理效果。

生物炭没有固定结构，制备温度等因素不同会产生结构和表面特征的差异性。制备温度改变，生物炭的比表面积、极性官能团和表面电荷等性质会发生很大变化，进而影响其吸附性能。低温生物炭含有大量无定形碳，可为有机质的吸附提供分配相。而高温生物炭含有大量的孔结构及高度芳香碳结构，除分配作用外，还可通过表面吸附和孔填充作用吸附有机污染物。

土壤中的疏水性有机化合物一旦被吸附，随着吸附时间的增加，其赋存状态会发生分化，一部分能够很快重新释放出来，一部分会缓慢重新释放，还有很大一部分可能被永久锁定。如果污染物在吸附剂上的解吸过程是吸附的简单可逆过程，解吸曲线就应该对应吸附曲线（可逆吸附）；而如果解吸曲线偏离吸附曲线，就说明发生了解吸滞后现象（不可逆吸附）。在生物炭炭化过程中，会产生一些具有不规则形状的各种介孔和微孔，这些孔隙结构广泛地分布于生物炭颗粒中。这些微孔由于具有较强的疏水性，通常被认为是多环芳烃在黑炭表面吸附的高能点位，会首先捕获菲等典型多环芳烃物质，故对多环芳烃这样的疏水性有机物表现出较强的亲和力。菲等多环芳烃被吸附到这种微孔结构中，可能会引起部分结构重排，也可能由于微孔效应引起解吸滞后，滞后现象会降低污染物向水相的迁移性和被生物利用的有效性。

多环芳烃是一类有毒有机污染物，广泛分布于天然环境中，具有较强的亲脂性，易在生物相中富集，并通过食物链进入人体，对人类健康和生态环境具有很大的潜在危害。因此，研究生物炭性质对这类污染物吸附固定能力作用的影响和不可逆部分占总吸附量的比例，可为生物炭在环境中的合理利用提供理论依据。

22.3 实验仪器与试剂

22.3.1 实验仪器

马弗炉、坩埚、高效液相色谱仪、分析天平、恒温振荡器、离心机、40mL 带聚四氟乙烯衬垫的样品瓶、50mL 容量瓶、50μL 进样针、0.45μm 聚四氟乙烯滤膜、玻璃滴管、0.154mm 筛。

22.3.2 实验试剂

秸秆：将购买的秸秆粉碎备用。

0.01mol/L 的 $CaCl_2$ 溶液（背景溶液）：称取 5.55g 无水 $CaCl_2$ 溶解于 5L 水中。

菲储备液：准确称取 0.0500g 菲标准品于 50mL 容量瓶，用色谱纯甲醇定容，配制成 1g/L 的菲储备液，转移至带聚四氟乙烯衬垫的 40mL 棕色样品瓶中，保存于 4℃冰箱内。

22.4 实验内容与步骤

22.4.1 标准曲线的绘制

吸取 1g/L 的菲储备液 0μL、5μL、10μL、20μL、30μL、40μL 和 50μL 置于 50mL 容量瓶中，用水定容，其浓度分别为 0.00mg/L、0.10mg/L、0.20mg/L、0.40mg/L、0.60mg/L、0.80mg/L 和 1.00mg/L。待第 22.4.3 节、第 22.4.4 节和第 22.4.5 节的样品都取出后，在高效液相色谱仪上测定标准系列溶液和样品溶液的峰面积。

菲的高效液相色谱分析条件：色谱柱为 4.6mm×150mm×5μm C_{18} 反相色谱柱，流动相为甲醇：水＝80：20（体积比），流速为 1mL/min，检测器为荧光检测器（发射波长为 244nm，激发波长为 360nm）。在表 22-1 中记录不同浓度标准溶液的峰面积，根据峰面积与浓度的关系用 Microsoft Excel 或 Origin 软件绘制标准曲线并计算回归方程和 R^2 值。

二维码22-1
标准曲线的绘制

表 22-1 菲标准溶液的浓度及色谱峰面积

浓度/(mg/L)	0.00	0.10	0.20	0.40	0.60	0.80	1.00
峰面积							

22.4.2 生物炭的制备

① 将秸秆放入坩埚，加盖后用锡箔纸包裹密封，置于马弗炉中。马弗炉的升温速率设为 10℃/min，分别升至 300℃、500℃和 700℃并保持 4h，记为 BC3、BC5 和 BC7。

二维码22-2
生物炭的制备

② 烧制好的生物炭冷却至室温后，研磨粉碎，过 0.154mm 筛后，干燥避光保存，待用。随裂解温度的升高，生物炭产率降低。由于裂解过程发生脱氢和脱氧反应，生物炭中碳含量随裂解温度升高而升高，氢和氧含量降低，芳香化程度增加，极性减小。由于裂解过程中挥发性物质的减少，升高裂解温度，生物炭比表面积和孔体积急剧增大。

22.4.3 生物炭对菲的动力学吸附实验

① 分别称取 5mg 不同温度生物炭样品各 10 个于 40mL 带聚四氟乙烯衬垫的样品瓶中。

② 选择菲作为模型目标物，向样品瓶中分别加入 40mL 0.01mol/L 的 $CaCl_2$ 溶液提供离子强度，然后加入 40μL 的菲储备液，使菲的浓度达到 1mg/L，且甲醇浓度控制在 0.1% 以内，以避免溶剂效应。

③ 拧紧盖子，置于恒温振荡器上振荡。振荡条件为 20℃、150r/min。分别在振荡 2h、6h、12h、24h、48h、72h、120h、168h 和 336h 后，将样品瓶取出，在 3000r/min 下离心 20min，使固液分离，取上清液进行测定。

④ 吸附实验结束后，上清液过 0.45μm 聚四氟乙烯滤膜，水相中菲含量用高效液相色谱仪分析。空白试验的结果表明，光化学降解、挥发以及样品瓶吸附所导致菲的损失小于 5%。因此，可以通过质量平衡来计算吸附在生物炭上菲的量。

根据以下公式计算不同时间不同生物炭对菲的吸附量：

$$Q = (c_0 - c) \times V/m \tag{22-1}$$

式中 Q——生物炭对菲的吸附量，mg/g；

c_0——溶液中菲的起始浓度，mg/L；

c——溶液中菲的平衡浓度，mg/L；

V——溶液的体积，mL；

m——添加生物炭的质量，mg。

⑤ 用 Microsoft Excel 或 Origin 软件绘制生物炭上菲吸附量（Q）与吸附反应时间（t）的变化曲线图（包括 $t=0$ 时的点）。根据所绘的图确定吸附是否达到平衡以及达到吸附平衡所需的时间。

二维码22-3
生物炭对菲的动力学
吸附实验

22.4.4 生物炭对菲的吸附等温线实验

① 分别称取 5mg 不同温度生物炭样品各 7 个于 40mL 带聚四氟乙烯衬垫的样品瓶中。

② 向样品瓶中分别加入 40mL 0.01mol/L 的 $CaCl_2$ 溶液提供离子强度，然后分别加入 10μL、15μL、20μL、25μL、30μL、35μL 和 40μL 的菲储备液，使菲的浓度达到 0.25mg/L、0.375mg/L、0.5mg/L、0.625mg/L、0.75mg/L、0.875mg/L 和 1mg/L，且甲醇浓度控制在 0.1% 以内，以避免溶剂效应。

③ 将样品瓶置于 20℃、150r/min 恒温振荡器上振荡，时间为第 22.4.3 节中得到的表观吸附平衡时间（7d），之后从振荡器上取出样品，在 3000r/min 下离心 20min，使固液分离，取上清液进行测定。根据第 22.4.1 节的方法对吸附平衡时菲的水相浓度进行测定，根据第 22.4.3 节的方法对菲的吸附量进行计算。

④ 以吸附量（Q）对水相浓度（c）作图即可绘制 20℃条件下不同生物炭对菲的吸附等温线。以 $\lg Q$ 对 $\lg c$ 作图，根据所得直线的斜率和截距可求得两个常数 K_F 和 n，由此可确定室温下不同生物炭样品对菲吸附的 Freundlich 方程。

二维码22-4
生物炭对菲的吸附
等温线实验

22.4.5　菲在生物炭上的解吸等温线实验

① 称取 5mg 不同温度生物炭于 40mL 带聚四氟乙烯衬垫的样品瓶中，加入 40mL 背景溶液，然后加入一定量菲储备液进行吸附实验，吸附平衡时间由第 22.4.3 节中的结果获得。

② 吸附实验完成后，离心分离，进行连续换水解吸。在解吸实验中为了避免倾倒损失体系中的吸附剂，采用玻璃滴管小心移取上清液。将体系中 70% 的上清液替换为背景溶液。

二维码22-5
菲在生物炭上的
解吸等温线实验

③ 摇匀后置于与吸附实验相同条件的恒温振荡器中振荡 14d，进行二次解吸实验。每换一次水为一次循环，总共进行两次解吸循环。实验结束后，将样品瓶取出，离心使固液分离，取上清液分析，根据第 22.4.1 节的方法用高效液相色谱仪对上清液中菲的浓度进行测定。解吸平衡时，固相浓度由下式计算得到：

$$Q_e^i = Q_e^{i-1} - [c_e^i - c_e^{i-1}(1-r)] \times V/m \tag{22-2}$$

式中，Q_e^i 和 Q_e^{i-1} 分别为第 i 次和第 $i-1$ 次解吸平衡时固相中吸附质的浓度，mg/g；c_e^i 和 c_e^{i-1} 分别为第 i 次和第 $i-1$ 次解吸平衡时液相中吸附质浓度，mg/L；r 为上清液替换比例，本实验中为 0.7；m 为吸附剂质量，mg；V 为溶液体积，mL。

④ 以吸附量为横坐标，水相浓度为纵坐标作图，绘制 20℃条件下不同生物炭对菲的解吸等温线。用解吸滞后指数 HI 来衡量解吸的滞后性：

$$HI = \frac{Q_e^{des} - Q_e^{so}}{Q_e^{so}} \tag{22-3}$$

式中，Q_e^{des} 和 Q_e^{so} 分别代表实际解吸平衡时水相浓度所对应的解吸平衡曲线上的固相吸附浓度和吸附平衡曲线上的固相吸附浓度，mg/g。

22.5　思考题

① 查阅文献，分析生物炭制备温度如何影响其性质。

② 生物炭性质如何影响菲在生物炭上的吸附速率？

③ 比较生物炭吸附能力与土壤吸附能力。

④ 制备温度对生物炭对菲的吸附量有怎样的影响？菲在不同温度生物炭上的吸附机制分别是什么？

⑤ 总结不同吸附等温线模型，并说明其适用条件。

⑥ 生物炭性质如何影响菲在生物炭上的解吸？

实验二十三
铜对辣根过氧化物酶活性的影响

23.1　实验目的

① 了解和掌握酶促反应动力学的原理和研究方法。
② 了解铜对辣根过氧化物酶活性的影响。

23.2　实验原理

环境中有毒有害物质的毒性可以通过生物毒理学实验进行测定。暴露于污染物中的生物体在生物化学水平上的改变可以反映污染物对生物的早期作用，因而可以作为灵敏的指标，检测污染物对生物个体、种群的早期影响，从而尽早对生物及生态系统采取保护措施。

生物体暴露于污染物时，通常通过直接代谢和净化，减少所受的危害。这些自身保护机制中就包括酶活性的改变。许多外源性化合物参与生物体内的氧化还原循环，产生大量的活性氧自由基。生物自身的体内代谢反应，以及线粒体、微粒体和色素体的多酶电子传递链和白细胞的吞噬作用等也会产生活性氧副产物。过氧化物酶是植物代谢的末端氧化酶，在清除自由基、控制膜的脂质过氧化作用和保护细胞膜的正常代谢方面发挥重要作用。

辣根过氧化物酶（HRP）是广泛存在于辣根内的过氧化物酶，酶活性中心含有铁卟啉环。HRP 是一种重要的分析试剂，用于分析化学、临床化学和食品工业等领域。近年来，利用 HRP 催化过氧化氢氧化废水中的酚类和芳香胺类受到广泛的重视。

酶的活性是用酶所催化的化学反应的速率来表示的，因此测定酶活性实际上就是测定为酶所催化的化学反应的速率。与一般催化反应相同，酶促反应速率可以用单位时间内底物的减少或产物的增加来表示。重金属等有毒物质可以抑制酶的活性，使酶促反应的速率减小。

HRP 催化 H_2O_2 氧化四甲基联苯胺（TMB），可以使溶液呈蓝色，加入 H_2SO_4 终止反应后，溶液呈黄色，在 450nm 处有吸收。在该反应的初始阶段，反应体系吸光度随反应时间均匀增大，随着反应的进行，反应速率逐渐减小。可以用吸光度变化初始阶段的直线部分的变化率作为反应速率，表示 HRP 酶活性的大小。在反应体系中加入不同浓度的 Cu^{2+}，根据反应速率的变化可以研究铜对辣根过氧化物酶活性的影响。

23.3　实验仪器与试剂

23.3.1　实验仪器

恒温水浴锅、微量移液器和管嘴、移液器、96 孔培养板、酶标仪、1.5mL 离心管、10mL 带塞玻璃瓶、100mL 容量瓶、50mL 容量瓶、秒表、4 孔泡沫塑料板、温度计。

23.3.2　实验试剂

0.1mol/L 磷酸氢二钠-0.05mol/L 柠檬酸缓冲液（pH = 5.0）：称取 3.58g 的 $Na_2HPO_4 \cdot 12H_2O$ 和 1.05g 的 $C_6H_8O_7 \cdot H_2O$，用 100mL 蒸馏水定容，灭菌后冷藏保存。

10mg/mL 四甲基联苯胺（TMB）储备液：称取 100mg 的 TMB，溶于 10mL 二甲基亚砜中。

2mol/L H_2SO_4：取 10.9mL 浓 H_2SO_4 溶于 70mL 蒸馏水中，定容至 100mL。

$Cu(NO_3)_2$ 原液（0.28mol/L）：称取 3.38g 的 $Cu(NO_3)_2 \cdot 3H_2O$，用 50mL 蒸馏水定容。

1.5mg/L 辣根过氧化物酶（HRP）溶液：吸取 100μL 0.15mg/mL 的 HRP 水溶液溶于 9.9mL 蒸馏水中，冷藏保存。

3% H_2O_2：在 1.5mL 离心管中加入 90μL 蒸馏水，再在水中加入 10μL 30% 的 H_2O_2，充分混匀，现用现配。

23.4　实验内容与步骤

① 配制底物溶液（含 H_2O_2 的 0.1mg/mL 的 TMB 溶液）：在 10mL 玻璃瓶中用移液器加入 9.9mL 磷酸氢二钠-柠檬酸缓冲液，再用微量移液器加入 100μL 的 TMB 储备液。取现配的 3% H_2O_2 10μL 加入玻璃瓶中，充分混匀，放置在泡沫塑料板上，于 30℃水浴中预热。

② 配制含有不同浓度 Cu^{2+} 的 HRP 溶液：在 4 个 1.5mL 离心管中分别配制总体积 200μL 的含 $Cu(NO_3)_2$ 原液的体积分数分别为 0、25%、50%、100% 的溶液，再各加入 5μL 的 HRP 溶液，放置于 30℃水浴中预热。

③ 在 96 孔培养板的板孔中各加入 50μL 2mol/L 的 H_2SO_4，共 8 行（A～H 行）4 列（1～4 列）。

④ 在 4 个离心管中各加入 1.2mL 底物溶液，各管之间加液间隔时间为 15s，从第一个离心管加液后开始计时。各管开始反应后相隔 1.5min 取 150μL 反应液加入培养板第 1 行板孔中，之后每隔 1.5min 重复操作一次，共取 8 次样。实验开始之前先在表 23-1 中将 4 个离心管和 32 个板孔的加液时间补充完整。

⑤ 在酶标仪上读出 450nm 处板孔的吸光度，在表 23-1 中记录各板孔的吸光度数值并用 Microsoft Excel 或 Origin 软件作出吸光度 A 随时间 t 的变化曲线，线性部分的斜率作为酶促反应的速率，可以表示 HRP 酶活性

二维码23-1
铜对辣根过氧化物酶活性的影响

的大小。比较不同浓度的铜对酶活性的影响。

表 23-1　离心管和培养板板孔的加样时间

离心管	1	2	3	4
	0′0″	0′15″	0′30″	0′45″
板孔	1	2	3	4
A	1′30″	1′45″	2′00″	2′15″
B	3′00″	3′15″	3′30″	
C	4′30″	4′45″		
D	6′00″			
E				
F	9′00″			
G				
H	12′00″			12′45″

23.5　注意事项

① 过氧化氢有强氧化性，注意不要接触皮肤。
② 移液器应按照操作规程使用。

23.6　数据处理

① 记录吸光度随反应时间的变化。
② 计算不同铜离子浓度下，酶促反应的速率。

23.7　思考题

① 酶促反应动力学通常用什么方程进行描述？写出该方程，并解释它的意义。
② 随着反应的进行，酶促反应的速率如何变化？产生这种变化的原因是什么？
③ 该实验操作中应该注意哪些问题？如何改进该实验？
④ 用 96 孔培养板和酶标仪测定吸光度与用紫外可见分光光度计和比色皿测定吸光度相比，有什么优缺点？

实验二十四
大米镉含量分析和健康风险评价

24.1 实验目的

① 掌握大米中镉含量的测定方法。

② 了解食品健康风险评价模型及其应用。

24.2 实验原理

镉（Cd）是一种有毒金属元素，可引起癌症、肾病、软化症和骨质疏松症等疾病。对于以大米为主食的人群，大米是镉的主要暴露途径。相比其他作物，水稻能更有效地从污染土壤中积累镉。世界许多市场都出现了受镉污染的大米（中国和欧洲标准规定大米中镉含量应不超过 $200\mu g/kg$）。

测定粮食中镉含量对评价食品安全及农田土壤镉污染修复效果有重要意义。测定食品中重金属含量的一般原理是先将样品灰化或用强酸消解，再测定消解液中重金属含量。本实验测定大米中镉含量时，先将样品用强酸消解，然后将一定量样品消解液注入原子吸收分光光度计的石墨炉中。电热原子化后镉原子吸收 228.8nm 共振线，在一定浓度范围内，吸光度值与镉含量成正比，可采用标准曲线法定量。

测得食品中某一种或几种重金属含量后，可根据健康风险评价模型来评价因摄入该食品导致的某一种或几种重金属暴露对人体健康的影响。目前文献多用美国国家环境保护署（United States Environmental Protection Agency，USEPA）提出的模型。具体计算方法见后文数据处理部分。

24.3 实验仪器与试剂

24.3.1 实验仪器

原子吸收分光光度计（附石墨炉、镉空心阴极灯）、分析天平（精度为 0.1mg）、可调温式电热板、可调温式电炉、马弗炉、恒温干燥箱、压力消解器、压力消解罐、微波消解系统（配聚四氟乙烯或其他合适的压力罐）、容量瓶、40 目筛。

24.3.2 实验试剂

硝酸（HNO_3）：优级纯。

30%过氧化氢（H_2O_2）。

1%硝酸溶液：取 10.0mL 硝酸加入 100mL 水中，稀释至 1000mL。

盐酸溶液（1+1）：取 50mL 盐酸慢慢加入 50mL 水中。

镉标准储备液（1000mg/L）：准确称取 1g 金属镉标准品（精确至 0.0001g）于小烧杯中，分次加 20mL 盐酸溶液（1+1）溶解，加 2 滴硝酸，移入 1000mL 容量瓶中，用水定容至刻度，混匀。

镉标准使用液（100ng/mL）：吸取镉标准储备液 10.0mL 于 100mL 容量瓶中，用 1%硝酸溶液定容至刻度，如此经多次稀释成 100.0ng/mL 镉标准使用液。

镉标准曲线工作液：准确吸取镉标准使用液 0mL、0.50mL、1.0mL、1.5mL、2.0mL、3.0mL 置于 100mL 容量瓶中，用 1%硝酸溶液定容至刻度，即得到含镉量分别为 0ng/mL、0.50ng/mL、1.0ng/mL、1.5ng/mL、2.0ng/mL、3.0ng/mL 的标准系列溶液。

24.4 实验内容与步骤

（1）试样制备

将大米去除杂质，磨碎成均匀的样品，颗粒度不大于 0.425mm（即能通过 40 目筛）。

（2）试样消解

称取大米试样 0.3~0.5g（精确至 0.0001g）置于微波消解罐中，加 5mL 浓硝酸（优级纯）和 2mL 30%过氧化氢。微波消解系统可以根据仪器型号调至最佳条件。消解完毕，待消解罐冷却后打开，消解液呈无色或淡黄色，加热赶酸至近干，用少量 1%硝酸溶液冲洗消解罐 3 次，将溶液转移至 25mL 容量瓶中，并用 1%硝酸溶液定容至刻度，混匀备用，同时做试剂空白试验。

（3）标准曲线制作

将标准曲线工作液按浓度由低到高的顺序各取 20μL 注入石墨炉，测其吸光度值，以标准曲线工作液的浓度为横坐标，相应的吸光度值为纵坐标，绘制标准曲线并求出吸光度值与浓度关系的一元线性回归方程。

标准曲线应不少于 5 个点，相关系数不应小于 0.995。如果有自动进样装置，也可用程序稀释来配制标准系列溶液。

二维码24-1
大米镉含量分析

（4）样品溶液测定

于测定标准曲线工作液相同的实验条件下，吸取样品消解液 20μL（可根据使用仪器选择最佳进样量），注入石墨炉，测其吸光度值。代入标准系列的一元线性回归方程中求样品消解液中镉的含量，平行测定次数不少于两次。若测定结果超出标准曲线范围，用 1%硝酸溶液稀释后再进行测定。

根据所用仪器型号将仪器调至最佳状态。原子吸收分光光度计（附石墨炉及镉空心阴极灯）测定参考条件如下：波长 228.8nm，狭缝 0.2~1.0nm，灯电流 2~10mA，干燥温度

105℃，干燥时间 20s，灰化温度 400～700℃，灰化时间 20～40s，原子化温度 1300～2300℃，原子化时间 3～5s，背景校正为氘灯或塞曼效应。

24.5 注意事项

① 实验前应掌握微波消解的操作方法，熟悉安全注意事项。

② 实验中使用强酸，须在通风橱内操作。操作人员需穿实验服，佩戴手套和护目镜，防止皮肤和眼睛接触强酸。

24.6 数据处理

24.6.1 试样中重金属含量计算

$$c = \frac{(c_1 - c_0)V}{1000m} \tag{24-1}$$

式中　c——试样中重金属含量，mg/kg；

　　c_1——样品消解液中重金属含量，ng/mL；

　　c_0——空白消解液中重金属含量，ng/mL；

　　V——试样消解液定容总体积，mL；

　　m——试样质量，g。

重复实验结果以算术平均值表示，保留 3 位有效数字。

24.6.2 健康风险评价

$$HQ = \frac{ADD}{RfD} \tag{24-2}$$

$$ADD = \frac{c \times IR \times ED \times EF}{BW \times LE \times 365} \tag{24-3}$$

式中，HQ（hazard quotient）是危险系数；ADD（average daily dose）是重金属元素的日摄入量，mg/(kg·d)；RfD（reference dose）为口服参考剂量，mg/(kg·d)，Cd 的取值为 0.001mg/(kg·d)；c 为试样中重金属的平均浓度，mg/kg 或 mg/L；IR（intake of rice）为成年人每天的饭量，取值为 0.389kg/(人·d)；ED（exposure duration）为暴露时间，取值 30a；EF（exposure frequency）为暴露频率，取值为 350d/a；BW（average body weight）是成年人的平均体重，取值为 62.7kg；LE（life expectancy）为生命期望值，取值为 70a；365 为转化系数（一年按 365 天计）。

当 HQ≤1.0 时，表明没有明显的负面影响；HQ>1.0 时，表明对人体健康产生影响的可能性很大。HQ 越大，健康风险越大。

24.7 思考题

① 我国哪些地方大米镉污染相对严重？大米镉污染的原因是什么？

② 除了微波消解，测定大米镉含量时还可以用哪些样品消解方法？这些方法各有什么优缺点？

实验二十五
小麦根系对全氟烷基酸的吸收机理

25.1 实验目的

① 学习植物对全氟烷基酸吸收的研究方法。
② 学习植物培养方法和植物样品的处理方法。
③ 了解浓度对植物吸收全氟烷基酸的影响。
④ 了解小麦根系对全氟烷基酸的吸收机理。

25.2 实验原理

全氟烷基酸（perfluoroalkyl acids，PFAAs）作为一种优良的表面活性剂被广泛地应用于织物处理剂、包装材料、金属表面处理剂和水成膜泡沫灭火剂等产品中。其中，长碳链的全氟辛烷羧酸（perfluorooctanoic acid，PFOA）和全氟辛烷磺酸（perfluorooctane sulfonic acid，PFOS）由于其生物富集性、生态毒性和健康效应，引起了科学界的广泛关注。近年来，随着一系列国际公约的出台，PFOA 和 PFOS 在全球的生产逐渐减少，其替代物短碳链的全氟丁烷羧酸（perfluorobutanoic acid，PFBA）和全氟丁烷磺酸（perfluorobutane sulfonic acid，PFBS）的产量逐渐增加。另外，近年来，随着含氢氟氯烃制冷剂的广泛应用，其大气降解产物三氟乙酸（trifluoroacetic acid，TFA）在环境中的浓度逐年增加。而释放到环境中的 PFAAs 可以被植物吸收并通过食物链传递从而引起人体暴露。

植物根系细胞可以通过主动和/或被动过程吸收化合物，具体是由化合物和植物的类型以及溶液中的化合物浓度水平决定的。主动吸收是一种由蛋白质介导并且有能量消耗的逆浓度梯度的吸收过程。被动吸收是一个顺浓度梯度、不需耗能的吸收过程，由质量流或扩散驱动。一部分通过被动吸收过程，无须载体蛋白参与，化合物通过细胞膜上的通道（离子通道、水通道）进行转运，另一部分通过被动过程，化合物通过细胞膜上的载体蛋白进行转运，该过程不伴随能量消耗。Na_3VO_4 是一种代谢抑制剂，可以抑制细胞的能量生产过程。通过给小麦施加 Na_3VO_4 来抑制细胞的主动运输，可以判断植物根系对 PFAAs 的吸收是一个耗能的主动过程还是顺浓度梯度的被动过程。$AgNO_3$ 和甘油是水通道蛋白抑制剂：甘油是水通道蛋白的底物，可以与化合物竞争而抑制水通道蛋白的活性；$AgNO_3$ 通过与半胱氨酸的巯基反应，阻断水通道的收缩区从而抑制化合物通过水通道蛋白的转运。为小麦施加

$AgNO_3$ 和甘油可以探究水通道蛋白是否可以介导根系对 PFAAs 的吸收。9-蒽甲酸（9-AC）和 $4,4'$-二异硫氰酸基-$2,2'$-二磺酸（DIDS）是广泛使用的离子通道抑制剂，分别抑制慢速与快速离子通道。为小麦施加 9-AC 与 DIDS 来研究化合物是否可以通过离子通道进行转运。

米氏方程（Michaelis-Menten equation）是研究载体介导吸收过程的常用模型。对物质通过根细胞膜的转运动力学与酶和底物的关系进行类比，当摄取动力学符合米氏方程时，可以认为该吸收过程是由载体蛋白介导的。

小麦是一种在世界范围内广泛种植的禾本科植物，是产量最大、营养价值最高的粮食作物之一，是人们主要的食物来源。小麦在 PFAAs 从环境传递到动物和人体的过程中起到关键作用。本实验选取超短链全氟烷基羧酸 PFCAs［TFA 和 PFPrA（全氟丙基羧酸）］、短链 PFCAs（PFBA）、中长链 PFCAs［全氟己基羧酸（PFHxA）］，以及两种典型的长链 PFAAs（PFOA 和 PFOS）为研究对象，研究小麦对 PFAAs 的吸收机理，探究植物对 PFAAs 的吸收与 PFAAs 链长的关系，以更好地理解植物对 PFAAs 的吸收机理。

25.3　实验仪器与试剂

25.3.1　实验仪器

恒温培养箱、高效液相色谱-质谱仪/质谱仪（HPLC-MS/MS）、分析天平、冷冻干燥机、超声波清洗机、氮吹仪、低速离心机、高速离心机、旋涡混合器、$300\mu L$ 微量进样瓶、150mL PP 管、15mL PP 管、1.5mL 离心管、移液枪。

25.3.2　实验试剂

色谱纯甲醇、去离子水、石墨化碳黑颗粒（Envi-carb）。

浓缩 1000 倍的霍格兰植物培养液［20g/L（NH_4）$_2SO_4$、10g/L NH_4NO_3、3.1g/L NaH_2PO_4、40g/L K_2SO_4、15g/L $CaCl_2 \cdot 2H_2O$、0.35g/L EDTA·FeNa·$3H_2O$、25g/L $MgSO_4 \cdot 3H_2O$、20g/L Al_2（SO_4）$_3 \cdot 18H_2O$、0.1g/L $ZnSO_4 \cdot 7H_2O$、0.1g/L H_3BO_3、0.025g/L $CuSO_4 \cdot 5H_2O$、1g/L $MnSO_4 \cdot H_2O$、0.05g/L $Na_2MoO_4 \cdot 2H_2O$］。

PFAAs（TFA、PFPrA、PFBA、PFHxA、PFOA 和 PFOS）储备液：准确称取 0.0300g PFAAs 标准品于 15mL PP 管中，用移液枪加入 15mL 色谱纯甲醇定容至 15mL，配制成 2g/L 的 PFAAs 储备液，并保存于 4℃环境中。

$500\mu g/L$ 内标：$^{13}C_4$-PFOA、$^{13}C_4$-PFOS、$^{18}O_2$-PFHxS、$^{13}C_4$-PFBA 和 ^{13}C-TFA。

抑制剂储备液：0.6mol/L 代谢抑制剂 Na_3VO_4、1mmol/L 水通道蛋白抑制剂 $AgNO_3$、1mol/L 水通道蛋白抑制剂甘油、10mmol/L 离子通道抑制剂 9-AC 和 5mmol/L 离子通道抑制剂 DIDS。

25.4　实验内容与步骤

25.4.1　小麦催芽及培养

将小麦种子在两张湿滤纸之间发芽 4 天，然后转移至含 50mL 霍格兰营养液的 150mL

PP 管中，于恒温培养箱内培养 10 天。培养箱条件恒定为 16h：8h（光：暗），恒温 25℃。此外，在培养期间，每天随机更换 PP 管位置以避免培养箱不同位置光和温度的差异造成小麦生长和吸收产生差异。

25.4.2 植物染毒

选择八株长势一致的小麦作为一组，进行暴露实验。

（1）依赖于浓度的吸收

将选出的长势均一的小麦幼苗转移到含有 100mL 霍格兰营养液的 150mL PP 管中，并向其中加入一定量的 PFAAs（TFA、PFPrA、PFBA、PFHxA、PFOA 和 PFOS）储备液，使 PFAAs 浓度分别为 0mg/L、0.1mg/L、0.5mg/L、0.7mg/L、1mg/L、1.5mg/L、2mg/L 和 2.5mg/L。染毒 4h 后收集植物样品，用去离子水洗涤 30s 后置于冷冻干燥机内冻干 3 天。

（2）抑制剂对吸收的影响

同上，将选出的长势均一的小麦幼苗转移到含有 100mL 霍格兰营养液的 150mL PP 管中，加入一定量的 PFAAs（TFA、PFPrA、PFBA、PFHxA、PFOA 和 PFOS）储备液，使营养液 PFAAs 的浓度为 1mg/L，并加入一定量抑制剂储备液使其浓度达到设定浓度。根据文献，抑制剂分别设 2 个浓度。Na_3VO_4 作为代谢抑制剂，浓度设为 0.06mmol/L 和 0.6mmol/L。$AgNO_3$ 和甘油作为水通道蛋白抑制剂，浓度设定为 $AgNO_3$ 0.01μmol/L 和 1μmol/L、甘油 0.01mmol/L 和 1mmol/L。9-AC 和 DIDS 为离子通道抑制剂，浓度为 9-AC 1μmol/L 和 10μmol/L、DIDS 0.5μmol/L 和 5μmol/L。染毒 4h 后收集植物样品，用去离子水洗涤 30s 后置于冷冻干燥机内冻干 3 天。

25.4.3 冻干后植物样品的处理

将冻干植物样品用剪刀（甲醇洗涤后）剪为大小均一的小碎片后，称取 0.03g 于 15mL PP 管中，添加 5ng 内标后，用 5mL 甲醇超声提取 30min。于 4200g 下离心 10min，收集上清液，重复提取一次，合并两次提取液，将其氮吹至 1mL。为消除基质对测样的干扰，将上述提取液转移至 1.5mL 离心管中，加入 50mg Envi-carb，涡旋振荡混合 30s 后，于 15000g 下离心 5min。最后将 100μL 上清液转移至进样小瓶中，用 HPLC-MS/MS 进行分析。

25.4.4 植物样品中 PFAAs 的分析

使用高效液相色谱仪对样品进行分离，并使用与其串联的三重四极杆质谱仪对样品浓度进行测定，质谱仪于负电喷雾电离（ESI）、多反应监测（MRM）模式下运行。气体温度和毛细管电压分别保持在 350℃ 和 4000V。分离 TFA、PFPrA 和 PFBA 使用 Rspak JJ-50 2D 离子交换柱（2mm×150mm×5μm，日本 Shodex），流动相为体积分数为 20% 的 50mmol/L 乙酸铵（pH=9）以及体积分数为 80% 的甲醇，流速为 0.3mL/min。分离 PFHxA、PFOA 和 PFOS 使用 X-Terra MS C_{18} 柱（2.1mm×150mm×5μm，爱尔兰 Waters），流动相为均含有 2.5mmol/L 乙酸铵的甲醇和超纯水，梯度设定：0～0.8min 为 6% 甲醇，0.8～

12.8min 为 58％甲醇，12.8～14.3min 为 100％甲醇，14.3～26min 逆转至初始条件。流速为 0.25mL/min。

二维码25-1
小麦根系对PFAAs
吸收机理实验

25.5　数据处理

对第 25.4.4 节所测得的数据进行积分，并通过与标准曲线比较得出其浓度。实验中所有处理均为四次重复，植物样品中 PFAAs 的含量设为四次重复的算术平均值。数据分析采用 Excel、SPSS、Origin 等处理软件，数据的显著性差异采用 LSD 法（最小显著性差异法）比较。

对第 25.4.2 节中（1）处理所得的植物样品浓度用米氏方程与培养液浓度进行拟合。对第 25.4.2 节中（2）实验组和对照组进行显著性差异比较。

米氏方程：

$$V = V_{max} c / (K_m + c)$$

式中，V 为吸收速率，mg/(kg·h)；c 为培养液中化合物浓度，mg/L；V_{max} 为最大吸收速率，mg/(kg·h)；K_m 为米氏方程常数，mg/L。

25.6　思考题

① 提取植物样品中的化合物时为什么要加入内标，其作用是什么？如果未加入会有何影响？

② 为什么分离不同碳链长度的 PFAAs 要使用不同的色谱柱？基于什么原理对色谱柱进行选择？

③ 根据实验结果解释说明小麦对不同碳链长度的 PFAAs 的吸收机理及其差异。

实验二十六
饮料中防腐剂苯甲酸和山梨酸的测定

26.1 实验目的

① 掌握测定饮料中防腐剂苯甲酸和山梨酸的方法。
② 辩证地理解防腐剂在食品中的使用。

26.2 实验原理

苯甲酸 [图 26-1(a)] 及其钠盐是使用最广泛的食品防腐剂。苯甲酸钠是酸性防腐剂，一般用在酸性条件下，在酸性条件下能转化为有活性的苯甲酸，因此防腐的机理同苯甲酸。其防腐功能在 pH 为 2.5～4.0 时最佳，在碱性介质中则无杀菌和抑菌作用。由于苯甲酸钠的水溶性远大于苯甲酸，在水介质体系中更容易溶解和分散，而且在空气中稳定，因此苯甲酸钠比苯甲酸常用得多。苯甲酸钠作为防腐剂的应用很广泛，在食品（如食醋、酱油、肉类、鱼类、腌制食品等）、饮料（尤其是软饮料）和个人护理用品等中都有苯甲酸钠防腐剂。其防腐机理为：未离解的苯甲酸亲油性较强，容易穿过细胞膜进入细胞内，导致胞内 pH 下降，破坏细胞的质子动力势，造成传输系统的中断；进入细胞内的苯甲酸分子抑制微生物细胞呼吸酶系的活性，使无氧呼吸中磷酸果糖激酶催化的反应速率急剧下降，从而起到防腐作用。

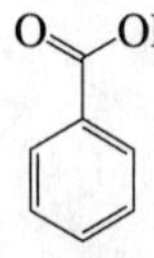

(a) 苯甲酸 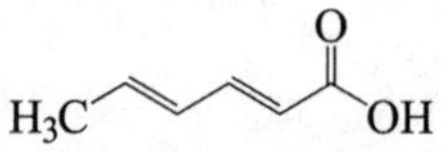   (b) 山梨酸

图 26-1 苯甲酸和山梨酸结构式

山梨酸 [图 26-1(b)] 天然存在于某些水果中，是某些霉菌、酵母菌和细菌的选择性生长抑制剂。山梨酸可与微生物酶系统的巯基结合，从而破坏许多酶系统的功能。山梨酸及其盐类（如山梨酸钾、山梨酸钠和山梨酸钙）经常代替苯甲酸添加到干酪、腌制品、鱼制品、甜酒和汽水中。一般来说，山梨酸盐比山梨酸的效果更好，因为它们更易溶于水，但活性形

式是酸。山梨酸在 pH 低于 6.5 时抗菌活性最佳。

需辩证地看待食品防腐剂的使用。据估计，我国每年约有 20％～30％ 的食品因为腐败变质而损失，食品安全问题有些是因为食品腐败变质引起的。按照国家标准来使用防腐剂是对食品安全和人体健康的一种保障。不过一些防腐剂有一定的毒性，在体内可能有残留，过量使用会危害人体健康。与各类食品添加剂一样，防腐剂绝不能超标使用。

食品中苯甲酸和山梨酸用量很少，《食品安全国家标准　食品添加剂使用标准》（GB 2760—2014）规定其限量为 0.075～2.0g/kg，加之食品中的其他成分可能对防腐剂的测定产生干扰，因此一般先将样品中的防腐剂与其他成分分离，再经提纯和浓缩后测定。本实验采用溶剂萃取法，先用 HCl 溶液将样品酸化，再利用乙醚将这两种防腐剂从样品中萃取出来，然后将乙醚蒸发，剩下的萃取物经过碱性溶液（NaOH）溶解与处理，最后对照标准物质，利用紫外可见分光光度计对目标成分进行检测。

26.3　实验仪器与试剂

26.3.1　实验仪器

恒温水浴锅，紫外可见分光光度计，石英比色皿，10mL、100mL、250mL 容量瓶，125mL 及 250mL 分液漏斗。

26.3.2　实验试剂

液体样品：酱油、食醋、软饮料。软饮料需脱气（如超声 5min 驱赶二氧化碳或搅拌脱气）。

乙醚、HCl 溶液（1＋1）、NaOH 溶液（40g/L）、NaCl 溶液（50g/L）。

苯甲酸钠标准储备液（1.000g/L）：准确称量苯甲酸钠 0.250g 于 250mL 容量瓶中，用适量的蒸馏水溶解后定容。该储备液可置于冰箱保存一段时间。于 4℃ 贮存，保存期为 6 个月。

苯甲酸钠标准中间溶液（32mg/L）：准确移取苯甲酸钠储备液 8.00mL 于 250mL 容量瓶中，加入蒸馏水稀释定容。

苯甲酸钠标准系列工作溶液的配制：分别准确移取苯甲酸钠标准中间溶液 0.50mL、1.00mL、1.50mL、2.00mL 和 2.50mL 于 5 个 10mL 容量瓶中，用蒸馏水稀释定容，得到浓度分别为 1.6mg/L、3.2mg/L、4.8mg/L、6.4mg/L 和 8.0mg/L 的苯甲酸钠系列标准溶液。

山梨酸钾标准储备液（1.000g/L）：准确称量山梨酸钾 0.250g 于 250mL 容量瓶中，用适量的蒸馏水溶解后定容。于 4℃ 贮存，保存期为 6 个月。

山梨酸钾标准中间溶液（16mg/L）：准确移取山梨酸钾储备液 4.00mL 于 250mL 容量瓶中，加入蒸馏水稀释定容。

山梨酸钾标准系列工作溶液的配制：分别准确移取山梨酸钾标准中间溶液 0.50mL、1.00mL、1.50mL、2.00mL 和 2.50mL 于 5 个 10mL 容量瓶中，用蒸馏水稀释定容，得到浓度分别为 0.8mg/L、1.6mg/L、2.4mg/L、3.2mg/L 和 4.0mg/L 的山梨酸钾系列标准溶液。

26.4 实验内容与步骤

先用乙醚萃取苯甲酸或山梨酸，再用紫外可见分光光度计测定。

取适量液体样品（酱油、食醋取 5mL，脱气软饮料取 10mL）于 125mL 分液漏斗中，加入 HCl 溶液 2mL 进行酸化，用无水乙醚萃取三次，每次 30mL，每次振摇 1min。合并乙醚于 250mL 分液漏斗中，用 NaCl 溶液洗涤 2 次，每次 10mL。将提取液在通风橱中 40℃下水浴至挥发干，去醚后的残渣用 50mL NaOH 溶液溶解，定容至 100mL。

二维码26-1
饮料中防腐剂苯甲酸和山梨酸的测定实验

用 NaOH 溶液作空白，记录样品中苯甲酸在波长 225nm 处的吸光度及山梨酸在波长 254nm 处的吸光度。防腐剂浓度以单位体积液体样品中的质量表示（mg/L）。同时制作标准曲线。

26.5 数据处理

① 按标准溶液数据，以吸光度对苯甲酸或山梨酸的浓度绘制标准曲线。

② 根据标准曲线，计算样品中苯甲酸或山梨酸的浓度。

26.6 思考题

① 除分光光度法外，还有哪些方法可以测定食品中苯甲酸和山梨酸的浓度？

② 过量的苯甲酸和山梨酸对人体有何危害？

实验二十七
花生中黄曲霉毒素的测定

27.1 实验目的

① 了解食品中黄曲霉毒素污染的发生机制及危害。
② 掌握用酶联免疫吸附测定（ELISA）试剂盒测定食品中黄曲霉毒素的方法。

27.2 实验原理

黄曲霉毒素（aflatoxin），也称作黄曲霉素、黄曲毒素，是一类有强烈生物毒性的荧光化合物，由黄曲霉（*Aspergillus flavus*）及寄生曲霉（*Aspergillus parasiticus*）等几种霉菌在霉变的谷物和坚果（如大米、豆类、花生等）中产生，是目前为止发现的最强致癌物质之一。

自然界中至少存在 14 种黄曲霉毒素，主要的有四种，为 B_1、B_2、G_1 与 G_2（图 27-1），均属二呋喃氧杂萘邻酮的衍生物。

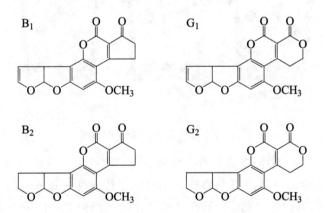

图 27-1　四种主要的黄曲霉毒素

图 27-1 中 B 或 G 分别表示该毒素显示蓝荧光或绿荧光。黄曲霉毒素 B_2 和 G_2 分别为 B_1 和 G_1 的二氢衍生物。在上述四种黄曲霉毒素中，B_1 是自然污染的食物中最普遍的一种，也是毒性最强的一种。我国的 GB 2761—2017 标准中规定了食品中黄曲霉毒素 B_1、黄曲霉毒

97

素 M_1 等真菌毒素的限量，如花生及其制品中黄曲霉毒素 B_1 的限量为 $20\mu g/kg$。

　　谷物和坚果受黄曲霉毒素污染是普遍性的问题，作物在收获前后都会受到污染。黄曲霉毒素在收获前的污染主要限于玉米、棉籽、花生和坚果。收获后的污染可在其他多种作物中发现，例如咖啡、大米和香料。温暖潮湿的环境易滋生霉菌，粮食储存不当会导致黄曲霉毒素污染水平相较田间的污染水平显著增加。此外，在高黄曲霉毒素暴露的地区（如用劣质谷物饲喂动物的地区），黄曲霉毒素 B_1 的代谢产物黄曲霉毒素 M_1 可在牛奶中检出，导致人类可能会通过牛奶和奶制品以及母乳接触到黄曲霉毒素 M_1。

　　儿童更易受黄曲霉毒素的毒害，黄曲霉毒素的暴露与儿童生长发育迟缓、肝损害和肝癌有关。成人对黄曲霉毒素暴露的耐受性较高，但也有风险。没有动物物种对黄曲霉毒素的急性毒性作用免疫。1960 年，因喂食受黄曲霉毒素污染的花生粕，英国发生了约十万只火鸡死于急性中毒的事件。

　　食品和饲料中黄曲霉毒素的检测和定量事关食品安全与人体健康。薄层色谱（TLC）是最早用于检测黄曲霉毒素的技术之一，而高效液相色谱（HPLC）、液相色谱质谱（LC-MS）和酶联免疫吸附测定（ELISA）是目前最常用的方法。

　　ELISA 利用抗原抗体之间专一性结合的特点，结合酶与底物的显色反应，对目标化合物（抗原或抗体）进行检测。本实验用黄曲霉毒素总量 ELISA 检测试剂盒测定花生中的黄曲霉毒素总量，该试剂盒采用间接竞争 ELISA 方法。其基本原理（图 27-2）是：在酶标板微孔中预包被黄曲霉毒素抗原，样本中黄曲霉毒素和此抗原竞争抗黄曲霉毒素的抗体（抗试剂），洗板后，抗黄曲霉毒素抗体与酶标二抗（酶标物）相结合，加底物显色，样本吸光度值与其含有的黄曲霉毒素呈负相关，与标准曲线比较再乘以其对应的稀释倍数，即可得出样品中黄曲霉毒素的含量。

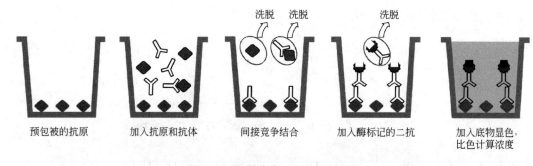

图 27-2　间接竞争 ELISA 的原理

　　间接竞争 ELISA 中，固定在板上的抗原与溶液中的抗原（待测目标化合物）竞争，以与抗原特异性抗体结合。样品溶液中的抗原先与抗原特异性抗体一起孵育，然后将这些抗原-抗体复合物添加到酶标板的孔中，其孔已被纯化的抗原包被，洗板以去除未结合的抗原-抗体复合物和游离抗原。然后加入酶标记的二抗，再加入底物。底物与酶反应产生的信号与样品中的抗原浓度成反比。这是因为当样品中的抗原浓度很高时，在将溶液添加到酶标板中之前，大多数抗体都已被结合。被结合的抗体以复合物的形式留在溶液中，因此，在加入酶标记的二抗和底物之前被结合的抗体被洗掉。这样，测试样品中的抗原浓度越高，在检测步骤中得到的信号越弱。

27.3　实验仪器与试剂

27.3.1　实验仪器

酶标仪（450nm/630nm），振荡器/涡旋仪，离心机，分析天平，10mL 移液管，洗耳球，漏斗，10mL 及 50mL 聚苯乙烯离心管，100μL、200μL、1000μL 移液枪及枪头。

27.3.2　实验试剂

花生（5g 粉碎后的样品）、黄曲霉毒素总量 ELISA 检测试剂盒、甲醇、去离子水。

27.4　实验内容与步骤

按黄曲霉毒素总量 ELISA 检测试剂盒说明书进行。主要的步骤包括：
① 将所需试剂回温（恢复至室温）。
② 取需要数量的微孔板。
③ 将样本和标准品对应微孔按序编号。
④ 加标准品/样本。
⑤ 洗板。
⑥ 显色。
⑦ 测定。

二维码27-1
花生中黄曲霉毒素
的测定实验

27.5　注意事项

① 操作前仔细阅读产品的材料安全数据表，了解安全注意事项。
② 试剂盒中终止液为 2mol/L H_2SO_4，具有强腐蚀性。操作人员需穿实验服，佩戴手套（PE 手套外套橡胶手套）和护目镜，防止皮肤和眼睛接触终止液。
③ 试剂盒中标准品含黄曲霉毒素，具有强烈的毒性。操作人员需穿实验服，佩戴手套（PE 手套外套橡胶手套）和护目镜，防止皮肤和眼睛接触标准品。

27.6　数据处理

① 在酶标仪上读出板孔的吸光度，以吸光度对标样的浓度绘制标准曲线。
② 根据标准曲线，计算样品孔中黄曲霉毒素的浓度。用浓度乘以稀释倍数，再除以样品（花生）的质量，得花生中黄曲霉毒素总量（μg/kg）。

27.7　思考题

① ELISA 相比其他方法用于测定食品中的黄曲霉毒素有何优缺点？

② 如何防止食品（比如花生）受黄曲霉毒素污染？

实验二十八
电镀废水中重金属的沉淀去除

28.1 实验目的

① 了解电镀废水中重金属的来源、种类和危害。
② 理解中和沉淀法和混凝法去除电镀废水中重金属的原理。

28.2 实验原理

电镀是指利用电解反应在金属、合金或非金属制品表面上镀上一薄层其他金属或合金的过程。电镀的主要用途包括防止金属氧化（如锈蚀），提高耐磨性、导电性、反光性、抗腐蚀性及增进美观等。不少硬币的外层亦为电镀层。

电镀废水的来源包括废电镀液、镀件漂洗水、设备冷却水和地面冲洗水等。电镀废水的水质、水量与电镀生产的工艺条件、生产负荷、操作管理和用水方式等因素有关。电镀废水水质复杂，成分不易控制，其中含有不同组合的重金属离子（如铬、镉、镍、铜、锌、金、银等）、氰化物、酸、碱等，有些属于致癌、致畸、致突变的剧毒物质。

处理电镀废水的方法有多种，应根据待处理溶液的组成和浓度选取合适的方法。中和沉淀法是最便宜、最常用的方法之一。其原理是在含重金属的废水中加入碱进行中和反应，使重金属生成不溶于水的氢氧化物沉淀从而得以分离。例如：

$$Cu^{2+} + 2OH^- \longrightarrow Cu(OH)_2(s)$$
$$Ni^{2+} + 2OH^- \longrightarrow Ni(OH)_2(s)$$

每种金属对应一个最佳 pH 值，在该 pH 值下其氢氧化物溶解度最低，能最有效地沉淀下来（表 28-1）。pH 过高时，由于络合作用，氢氧化物会重新溶解，这使得混合金属溶液的中和沉淀变得困难：对某种重金属最适合的 pH 值，对另一些金属可能已是重新溶解的 pH 值条件。

表 28-1　文献中报道的形成金属阳离子沉淀的最佳 pH 值

金属	最佳 pH	金属	最佳 pH
Cr(Ⅲ)	7.5	Ni	10.8
Cu	8.1[①]	以上三种金属的混合	8.5

① 虽然这是文献中报道的理想值，但在实验中发现 pH=8.6 时铜的沉淀更高效。

处理电镀废水的另一种方法是使用氯化铁（$FeCl_3$）进行混凝。混凝是通过增加颗粒的尺寸和密度来提高沉降速率的方法，可用于清除水中细小的有机和无机颗粒（包括细菌）以及金属离子等。氯化铁中的 Fe^{3+} 与碱性溶液中的 OH^- 反应，生成胶粒大小的、与水分子络合的氢氧化铁颗粒（$0.001 \sim 1\mu m$）：

$$Fe^{3+} + 3OH^- \longrightarrow Fe(OH)_3(s)$$

这些氢氧化铁胶粒与溶液中的阴离子（尤其是 OH^-）发生配位反应而带负电。带正电的金属离子将多个带负电的胶粒结合在一起，形成更大的颗粒。这些大颗粒可以通过砂滤或沉降轻松分离，从而将金属离子从废水中去除。因为成本低廉，沙子和砾石过滤是处理水和废水的常用技术。氯化铁价格便宜，易于使用，且在很宽的 pH 范围内都能很好地工作。需要注意的是，采用混凝法时需保证 pH 值足够高，以中和电镀废水及氯化铁溶液的酸性。

然而，混凝法对六价铬无效，含六价铬的废水可用亚铁处理（铁氧体法）。铁氧体法处理含铬废水的原理是向废水中投加亚铁盐使废水中的六价铬还原成三价铬，亚铁则被氧化为三价铁，然后投碱调整废水 pH 值，使废水中的三价铁、三价铬以及其他重金属离子发生共沉淀。在共沉淀时，溶解于水中的重金属离子进入铁氧化物晶体中，生成复合的铁氧体。

本实验通过中和沉淀法和混凝法来去除电镀废水中的铜。

28.3 实验仪器与试剂

28.3.1 实验仪器

原子吸收分光光度计，分析天平，磁力搅拌器和搅拌子，pH 计和标准缓冲液，10mL、25mL、50mL、100mL 和 1000mL 容量瓶，量筒，滴管，带有滴定管夹和环形支架的玻璃色谱柱（直径 20mm 或以上），烧杯，50mL 和 125mL 锥形瓶，10mL 离心管，玻璃棒，25mL 移液管，10mL 注射器，$0.45\mu m$ 滤膜（水系）。

28.3.2 实验试剂

（1）处理电镀液所需试剂

100mL 镀铜液：100mL 水溶液中含有 1.5g $CuSO_4 \cdot 5H_2O$ 和 5.6mL 浓硫酸。注意 $CuSO_4 \cdot 5H_2O$ 溶解较慢。

25mL 1.3mol/L $FeCl_3$：$FeCl_3$ 搅拌溶解时会产生泡沫，影响读取体积，尽量读准即可。

200mL 2mol/L NaOH、20mL 0.1mol/L H_2SO_4、20mL 2mol/L HNO_3、玻璃棉、沙子。

（2）测定溶液中的铜所需标准溶液

铜标准储备溶液（500mg/L）：将 0.5000g 金属铜粉溶解于 30mL HNO_3(1+1) 中，转移至 1000mL 容量瓶中，加去离子水定容。

铜标准中间溶液（50mg/L）：吸取 100mL 500mg/L 铜标准储备溶液于 1000mL 容量瓶中，加水定容。

标准系列工作溶液的配制：吸取 50mg/L 的铜标准中间溶液 0.00mL、0.50mL、

1.00mL、1.50mL、2.00mL、2.50mL 置于 25mL 容量瓶中，各滴入 2 滴 2mol/L 的 HNO_3 溶液，用去离子水定容。该标准系列溶液浓度分别为 0.00mg/L、1.00mg/L、2.00mg/L、3.00mg/L、4.00mg/L、5.00mg/L。

28.4　实验内容与步骤

28.4.1　中和沉淀法去除镀铜液中的铜

用移液器将 25.00mL 镀铜液移入锥形瓶中。用 2mol/L NaOH 将 pH 调节至 8.6，此过程大约需要 40～45mL 2mol/L NaOH。pH 接近 8.6 时，操作需细微。如果 pH 值超过 8.6，可以用少量 0.1mol/L H_2SO_4 来调回 pH 值。静置 30min 后，用注射器吸取约 5mL 上层清液（注意不要干扰到沉淀），过 $0.45\mu m$ 滤膜于 10mL 离心管中。吸取滤液 2.5mL 于 25mL 容量瓶中，滴入两滴 2mol/L HNO_3 溶液，用去离子水定容，然后上机测定该溶液的铜含量。

28.4.2　混凝法去除镀铜液中的铜

移取 15.00mL 镀铜液到烧杯中。加入 3mL 1.3mol/L $FeCl_3$ 和 27mL 2mol/L NaOH，搅拌后静置。静置时构造沙柱。用玻璃棒将一小撮玻璃棉塞到色谱柱的底部，然后倒入约 2cm 的沙子。轻敲色谱柱使沙子落实并减少气隙。将处理过的废水倒入色谱柱。最初只倒入上清液会滤得很快，一旦固体堵塞了沙子中的孔隙，过滤将花费更长的时间。将滤出液收集在干净的烧杯或离心管中。用注射器吸取约 5mL 滤出液，过 $0.45\mu m$ 滤膜于 10mL 离心管中。吸取滤液 2.5mL 于 25mL 容量瓶中，滴入两滴 2mol/L HNO_3 溶液，用去离子水定容，然后上机测定该溶液的铜含量。

二维码28-1
电镀废水中重金属
的沉淀去除实验

28.4.3　处理后的电镀液中铜的测定

按照"实验三十一　土壤对铜的吸附"中的步骤用原子吸收分光光度计测定处理后的电镀液中铜的浓度。

28.5　注意事项

① 镀铜液的酸性很强（pH 值约为 1.5），小心勿洒在身上。
② 实验中产生的固体和液体废弃物应置于指定容器中，不能倾入下水道。

28.6　数据处理

处理后的电镀液中铜的浓度为原子吸收分光光度计测得的浓度乘以 10（稀释倍数）。

28.7　思考题

① 两种方法的处理效果如何？处理过的溶液是否符合排放标准？

② 在实验室中哪种处理方法更方便？在工业规模上（即处理至少 100L 的废水）哪种方法更方便？

③ 除了中和沉淀法和混凝法，还有什么方法可以去除电镀废水中的重金属？

实验二十九
EDTA 对铜污染土壤的淋洗修复

29.1 实验目的

① 了解化学淋洗法去除污染土壤中重金属的原理。
② 认识 EDTA 去除土壤中铜的原理和效果。

29.2 实验原理

土壤中适量的铜对作物的生长发育具有促进作用，但当土壤中的铜超过一定浓度时，不仅会导致土壤环境质量下降，妨害土壤生物的代谢与生存，还会威胁农产品质量安全。据 2014 年的《全国土壤污染状况调查公报》，我国土壤铜的点位超标率达 2.1%。对铜污染土壤的修复刻不容缓。目前用于铜污染土壤修复的技术有多种，大致可以分为物理/化学修复技术、生物修复技术和农业生态修复技术。其中，物理/化学修复技术主要包括改土法、化学淋洗法、电动修复法、热处理法、玻璃化法、固化/稳定化法等。

利用化学淋洗法去除污染土壤中的重金属是目前关注较多的土壤污染修复技术之一。其原理是利用化学试剂通过配合、溶解等机制使土壤固相中的重金属解吸进入液相并淋出，从而达到修复污染土壤的目的。对铜污染土壤，人工螯合剂乙二胺四乙酸二钠（EDTA-Na$_2$，以下简称 EDTA）表现出较好的去除效果（图 29-1），因此成为目前较为常用的化学淋洗剂。

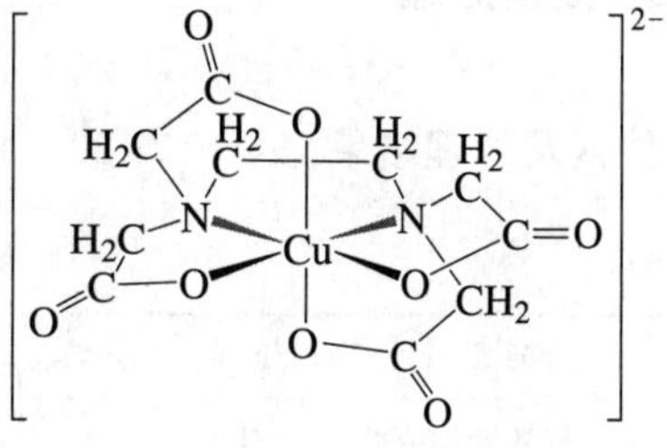

图 29-1　铜（Ⅱ）-EDTA 络合物
离子 [Cu(EDTA)]$^{2-}$

29.3 实验仪器与试剂

29.3.1 实验仪器

原子吸收分光光度计，恒温振荡器，离心机，分析天平，pH 计，2mm 标准筛，25mL 及 500mL 容量瓶，1L 烧杯，10mL 和 50mL 离心管，5mL、25mL、50mL 移液管，10mL

一次性注射器，0.45μm 滤膜（水系），滴管。

29.3.2 实验试剂

土壤样品：采集铜污染土壤，风干，磨碎，过 2mm 筛，混匀。

EDTA 溶液：分别称 4.65g、9.31g、18.61g、37.22g、55.84g 乙二胺四乙酸二钠盐二水合物（$C_{10}H_{14}N_2Na_2O_8 \cdot 2H_2O$）溶于 500mL 水中，得 0.025mol/L、0.05mol/L、0.1mol/L、0.2mol/L、0.3mol/L EDTA 溶液。

铜标准储备溶液（500mg/L）、铜标准中间溶液（50mg/L）、标准系列工作溶液的配制同"实验二十八　电镀废水中重金属的沉淀去除"。

29.4 实验内容与步骤

29.4.1 土壤中铜的洗出

称取 1.00g 土壤于 50mL 离心管中，加入 20mL 上述不同浓度的 ETDA 溶液，则所用 EDTA 剂量分别为 0.50mol/kg、1.00mol/kg、2.00mol/kg、4.00mol/kg、6.00mol/kg。同时设一加入 20mL 去离子水的对照，每一处理设三个平行。将离心管置于振荡器上振荡 24h 后，以 5000r/min 转速离心 10min，分离提取液。将约 10mL 提取液过 0.45μm 滤膜于 10mL 离心管中，待测。

二维码29-1
EDTA对铜污染土壤
的淋洗修复实验

29.4.2 提取液中铜的测定

按照"实验三十一　土壤对铜的吸附"中的步骤用原子吸收分光光度计测定提取液中铜的浓度。

29.5 数据处理

数据及处理结果记录于表 29-1 中。

表 29-1　数据及处理结果

EDTA 用量/(mol/kg)	0.00	0.50	1.00	2.00	4.00	6.00
提取液铜浓度/(mg/L)						
铜洗出量/(μmol/kg)						
提取效率(以 Cu 和 EDTA 计)/(μmol/mol)	—					

① 根据提取液铜浓度计算铜洗出量：

$$Q = \frac{\rho V}{63.5W} \times 1000$$

式中　Q——铜洗出量，μmol/kg；

ρ——提取液铜浓度，mg/L；

V——提取液体积，20mL；

　　　　W——烘干土壤质量，1g。

② 根据铜 EDTA 用量和铜洗出量计算提取效率：

$$E = \frac{Q}{c}$$

式中　E——提取效率，$\mu mol/mol$；

　　　　Q——铜洗出量，$\mu mol/kg$；

　　　　c——EDTA 用量，mol/kg。

③ 分别以 Q 及 E 对 c 作图。

29.6　思考题

① 结合参考文献，讨论铜洗出量及提取效率随 EDTA 用量的变化。

② 除了 EDTA，还有哪些常用的化学试剂可以淋洗出土壤中的重金属？

③ 选用淋洗剂时应考虑哪些因素？

实验三十
重金属在土壤-植物中的累积和迁移

30.1 实验目的

① 掌握测定土壤样品和植物样品中重金属的前处理方法。
② 掌握火焰原子吸收光谱仪的原理和使用方法。
③ 掌握研究重金属在植物体内富集能力的方法。

30.2 实验原理

土壤中含有多种金属元素，包括 Cu、Mg、Ca、Mo、Zn、Cd、Cr、Hg、Pb 等，其中有植物生长需要的营养元素，也有影响植物生长的有害金属，不管是哪种金属，只要其在土壤中的含量没有达到对植物及人畜有害的程度，就不能称作存在这种金属的污染，只有当土壤金属含量超过了生物需要和可忍受的浓度，阻碍了植物生长，或植物富集该金属并进一步影响人和牲畜的健康时，才能称作存在土壤金属污染。

重金属一般不能降解，土壤中的重金属污染物会长期存在于被污染土壤中，不断积累，被植物富集，并通过食物链进入动物和人体内，危害动物和人的健康。不同金属在土壤-植物系统中的迁移能力不同：一些金属的吸附性较强，容易固定在土壤中，不容易被植物吸收，如 Ag、Pb；另一些重金属迁移转化能力较强，在土壤中低浓度状态下，就很容易被植物吸收并通过食物链进入动物和人体内，产生较大危害，如 Cd、Mo 等。因此，了解金属在土壤-植物系统中的迁移转化规律，对正确评价土壤中重金属的生态风险有重要意义。

铜矿的开采、含铜杀虫剂的使用造成铜在土壤中的大量积累，高浓度铜会抑制土壤脲酶和硝酸还原酶的活性，影响土壤微生物的丰度、群落结构及功能，导致土壤质量下降，生态结构破坏，造成植物根部受损，影响植物对水分和营养的吸收，出现各种病症。人体积累过量的铜，会对肝和胆造成负担，造成人体新陈代谢紊乱，严重时出现肝硬化、肝腹水等症状。

本实验通过盆栽实验研究速生小白菜对土壤中 Cu 的富集规律。在 Cu 污染土壤中培养小白菜 30 天，收割后测定植物的根、茎叶及土壤中的 Cu 含量，采用微波消解法对植物样品及土壤样品进行前处理，采用原子吸收法测定 Cu 的浓度。

30.3　实验仪器与试剂

30.3.1　实验仪器

原子吸收分光光度计、微波消解炉、微波消解罐、电子天平、烘箱、80 目标准筛、25mL 容量瓶、100mL 容量瓶、1000mL 容量瓶、1000mL 烧杯、一次性注射器、针头过滤器。

30.3.2　实验试剂

HNO_3（65%～68%）、HF（40%）、HCl（37%）、高锰酸钾（1g/L）、H_2O_2。

铜标准储备液（1000mg/L）：购买市售 1000mg/L 的铜标准溶液，或按以下方法配制。将 1.0000g 金属铜粉溶解于 60mL HNO_3(1+1) 中，转移至 1000mL 容量瓶中，加入去离子水定容。

铜标准溶液（100mg/L）：吸取 10mL 铜标准储备液，用 1% 的硝酸定容到 100mL。

土壤样品：可买市售种花土，风干后过 3mm 标准筛，称取 1kg 土壤于 1000mL 烧杯中，混匀后倒入 100mL 铜标准储备液，搅拌均匀后加盖，放置 3 天左右使其平衡，风干磨碎备用。此土壤含有外加金属 Cu 浓度为 100mg/kg。

小白菜种子：市售速生小白菜种子。

30.4　实验内容与步骤

30.4.1　培养幼苗

称取 300g 干土于花盆中，做三个平行。小白菜种子用 1g/L 高锰酸钾浸泡几分钟，用去离子水漂洗干净后浸泡过夜，每盆播种 20 粒，置于温室培养，保持整个培养期内温度为 20～30℃，光照时间每天不少于 10h。待出苗后每盆间苗至 10 株，生长 30 天后收获幼苗。

30.4.2　分类收集植物和土壤样品，测定含水率

将小白菜苗分为茎叶和根两部分，用去离子水冲洗干净，使用滤纸吸收多余水分后称取鲜重。同时收集土壤样品，称重。

将小白菜茎叶样品、小白菜根部样品和土壤样品置于烘箱中，70℃烘干至恒重。

二维码30-1
重金属在土壤-植物
中的累积和迁移

将称重数据记录于表 30-1 中，计算各样品的含水率。

表 30-1　样品含水率计算

样品	干燥前质量/g	干燥后质量/g	含水率 P/%
小白菜茎叶样品			
小白菜根部样品			
土壤样品			

109

30.4.3 土壤样品的消解

将烘干的土壤过 80 目标准筛，混匀后称取约 0.2g 土样 3 份，准确记录质量在表 30-2 中。置于微波消解罐内管中，加入 6mL HNO_3、2mL HF、2mL HCl，安装好微波消解罐，置于微波消解炉内，连接好温度和压力传感线，设置功率为 700W，程序升温分 3 步：150℃，10min；180℃，5min；200℃，25min。消解结束后，将微波消解罐内管置于控温加热板上，设置 160℃赶酸，至消解液体积约 0.5mL，转移至 25mL 容量瓶，并用少量去离子水洗涤消解管，转移至容量瓶，定容。同时做试剂空白。

30.4.4 植物样品的消解

称取烘干的茎叶和根部样品约 0.5g 各 3 份，准确记录质量在表 30-2 中，置于微波消解罐内管中，加入 8mL HNO_3，预处理至黄烟冒尽后，补加 1mL HNO_3、1mL H_2O_2，安装好微波消解罐，置于微波消解炉内，连接好温度和压力传感线，设置功率为 700W，程序升温分两步：150℃，10min；180℃，15min。消解结束后，将微波消解罐内管置于控温加热板上，设置 160℃赶酸，至消解液体积约 0.5mL，转移至 25mL 容量瓶，并用少量去离子水洗涤消解管，转移至容量瓶，定容。同时做试剂空白。

表 30-2　土壤及植物样品质量　　　　单位：g

样品	平行样 1	平行样 2	平行样 3
小麦茎叶样品			
小麦根部样品			
土壤样品			

30.4.5 标准曲线的绘制

分别在 6 只 100mL 容量瓶中加入 0.00mL、0.50mL、1.00mL、3.00mL、5.00mL、10.00mL 的铜标准溶液（100mg/L），用 1% HNO_3 稀释定容。此标准溶液中 Cu 浓度如表 30-3 所示。

表 30-3　标准系列溶液的配制、浓度及吸光度

标准液使用体积/mL	0.00	0.50	1.00	3.00	5.00	10.00
Cu 浓度/(mg/L)	0.00	0.50	1.00	3.00	5.00	10.00
吸光度						

按原子吸收分光光度计说明书操作仪器，选择测定波长 324.8nm，通带宽度 0.2nm，火焰类型为乙炔-空气。按浓度从低到高的顺序测定标准系列溶液，结果记入表 30-3。

30.4.6 植物及土壤样品的测定

所有处理好的土壤及植物样品溶液经过 $0.45\mu m$ 针头过滤器过滤，然后按原子吸收分光

光度计说明书操作仪器，选择测定波长 324.8nm，通带宽度 0.2nm，火焰类型为乙炔-空气，测定各样品溶液，数据记录在表 30-4 中。

表 30-4　样品吸光度数据

样品	吸光度			
	平行样 1	平行样 2	平行样 3	空白
小麦茎叶样品				
小麦根部样品				
土壤样品				

30.5　注意事项

① 对样品进行微波消解时，主罐（带压力传感及温度传感装置）内样品选择质量最大，即反应最剧烈的样品，以确保压力传感装置测的压力是各管最大压力。

② 本实验中采用微波消解法对土壤及植物样品进行消解，也可以采取直接加热消解法。

30.6　数据处理

根据铜标准曲线数据，使用 Excel 软件绘制标准曲线，得到回归方程。

根据回归方程和样品测定的吸光度值，计算消解后各样品溶液中 Cu 的浓度。数据记录在表 30-5 中。

表 30-5　样品溶液中 Cu 的浓度

样品	Cu 浓度/(mg/L)			
	平行样 1	平行样 2	平行样 3	空白
小麦茎叶样品				
小麦根部样品				
土壤样品				

根据以下公式计算样品中铜的含量 c，数据记录在表 30-6 中。

$$c = \frac{(M - M_0)V}{W}$$

式中　c —— 样品中 Cu 的含量，mg/kg；

M —— 测定溶液中 Cu 的浓度，mg/L；

M_0 —— 空白溶液中 Cu 的浓度，mg/L；

V —— 定容体积，mL；

W —— 称取烘干消解样品的质量，g。

表 30-6　烘干样品中的 Cu 含量

样品	Cu 含量/(mg/kg)			Cu 含量平均值/(mg/kg)
	平行样 1	平行样 2	平行样 3	
小麦茎叶样品				
小麦根部样品				
土壤样品				

土壤中 Cu 的富集系数按下式进行计算：

$$富集系数 = \frac{植物中铜含量（mg/kg）}{土壤中铜含量（mg/kg）}$$

根据富集系数的计算结果讨论铜在植物体内的富集特征。

30.7　思考题

① 分析微波消解法和电热板加热消解法的优缺点。
② 根据实验结果，讨论重金属在植物体中富集的特点。
③ 通过查阅资料，自学测定重金属的其他仪器方法和对应的测定浓度范围。

实验三十一
土壤对铜的吸附

31.1 实验目的

① 掌握重金属吸附的意义和影响因素。
② 学习土壤对铜吸附动力学的研究方法。
③ 了解 pH 对土壤铜吸附作用的影响和原理。
④ 研究土壤对铜的吸附热力学特征。
⑤ 了解铁氧化物吸附固定重金属的原理以及添加铁氧化物对土壤吸附铜的影响。

31.2 实验原理

土壤是重金属的一个"汇"，重金属污染主要来自工业废水、农药、污泥和大气降尘等。过量重金属可引起植物生理功能紊乱、营养失调。重金属不能被土壤中的微生物所降解，因此重金属可在土壤中不断地积累，也可为植物所富集并通过食物链危及人体健康。

重金属在土壤中的迁移转化主要包括吸附-解吸作用、配合-解离作用、沉淀-溶解作用和氧化-还原作用，其中吸附作用是重要的迁移转化过程。土壤对重金属吸附能力的大小直接影响土壤中重金属的形态和活性，进而影响其生态风险。因此，研究土壤重金属的吸附特征对正确评价土壤中重金属的环境生态风险具有重要意义。

本实验研究土壤对重金属铜的吸附作用。铜是植物生长所必不可少的微量营养元素，但含量过多也会使植物中毒。土壤中的铜主要来自铜矿开采、冶炼过程和含铜杀虫剂的使用。Cu^{2+} 进入土壤后会与无机和有机配体结合。在土壤孔隙水中，大部分 Cu^{2+} 与溶解态有机物所含的—NH_2、—SH 和—OH 基团形成稳定的络合物。土壤无机和有机组分也会吸附铜。土壤主要组分对铜的吸附能力的顺序一般为：锰氧化物＞有机质＞铁氧化物＞黏土矿物。不过，土壤中的铜一般主要吸附于有机质上。Cu^{2+} 与无机物和有机物的结合亲和力取决于土壤的 pH、氧化还原电位以及竞争离子的浓度。在大多数土壤条件下，土壤溶液中铜的浓度由吸附过程控制，铜的沉淀有限。但在特定条件下可能会形成铜的氢氧化物或碳酸盐沉淀，在淹水土壤中可能形成高度不溶的硫化铜沉淀。

本实验首先通过研究在两种 pH 条件下土壤吸附铜的量随时间的变化情况，得到铜在不同 pH 值土壤中的吸附动力学曲线。然后考察铁氧化物对土壤吸附铜的影响，使学生初步认识污染土壤化学修复（添加钝化剂）的原理及效果。

土壤对铜的吸附热力学特征可采用 Langmuir 和 Freundlich 吸附等温式来描述。

Langmuir 吸附等温式为：

$$Q = \frac{Q_{max}c_e}{K + c_e} \tag{31-1}$$

式中 Q——土壤对铜的吸附量，mg/g；

Q_{max}——土壤对铜的最大吸附量，mg/g；

c_e——吸附达平衡时溶液中铜的浓度，mg/L；

K——经验常数，其数值与离子种类、吸附剂性质及温度等有关。

将 Langmuir 吸附等温式两边取倒数，可得：

$$\frac{1}{Q} = \frac{1}{Q_{max}} + \frac{K}{Q_{max}} \times \frac{1}{c_e} \tag{31-2}$$

以 $1/Q$ 对 $1/c_e$ 作图可求得常数 K 和 Q_{max}，将 K、Q_{max} 代入 Langmuir 吸附等温式，便可确定该条件下的 Langmuir 吸附等温式方程，由此可确定吸附量（Q）和平衡浓度（c_e）之间的函数关系。

Freundlich 吸附等温式为：

$$Q = K_F c_e^{\frac{1}{n}} \tag{31-3}$$

式中 Q——土壤对铜的吸附量，mg/g；

c_e——吸附达平衡时溶液中铜的浓度，mg/L；

K_F，n——经验常数，其数值与离子种类、吸附剂性质及温度等有关。

将 Freundlich 吸附等温式两边取对数，可得：

$$\lg Q = \lg K_F + \frac{1}{n}\lg c_e \tag{31-4}$$

以 $\lg Q$ 对 $\lg c_e$ 作图可求得常数 K_F 和 n，将 K_F、n 代入 Freundlich 吸附等温式，便可确定该条件下的 Freundlich 吸附等温式方程，由此可确定吸附量（Q）和平衡浓度（c_e）之间的函数关系。

31.3 实验仪器与试剂

31.3.1 实验仪器

火焰原子吸收分光光度计、恒温振荡器、分析天平、pH 计、2mm 标准筛、25mL 容量瓶、500mL 容量瓶、1000mL 容量瓶、250mL 烧杯、1000mL 烧杯、50mL 离心管、100mL 离心管、5mL 移液管、25mL 移液管、50mL 移液管、10mL 一次性注射器、针头过滤器（0.45μm）、滴管。

31.3.2 实验试剂

① 土壤样品：采集的土壤样品风干、磨碎、过 2mm 筛后备用，为土壤样品 A。
② 赤铁矿粉。

③ 吸附溶液（0.01mol/L 的 $CaCl_2$ 溶液）：将 5.55g 无水 $CaCl_2$ 溶解于 5L 水中，主要用于模拟土壤溶液的离子强度。

④ 2mol/L 的 HNO_3 溶液：吸取 7mL 浓硝酸于 50mL 容量瓶中，用去离子水定容。

⑤ 300g/L NaOH 溶液：称量 30g NaOH，溶于 100mL 去离子水中。

⑥ 铜标准储备液（1000mg/L）：购买市售 1000mg/L 的铜标准溶液，或按以下方法配制。将 1.0000g 金属铜粉溶解于 60mL HNO_3（1+1）中，转移至 1000mL 容量瓶中，加去离子水定容。

⑦ 铜标准溶液（500mg/L）：用上述铜标准储备液加同体积水混合配制，或按以下方法配制。将 0.5000g 金属铜粉溶解于 30mL HNO_3（1+1）中，转移至 1000mL 容量瓶中，加去离子水定容。

⑧ 铜标准溶液（50mg/L）：吸取 50mL 1000mg/L 铜标准储备液于 1000mL 容量瓶中，加水定容。

⑨ pH 值影响吸附实验试剂：铜吸附溶液（50mg/L，pH=4.5、pH=5.5），具体配制方法见实验内容与步骤。

⑩ 土壤成分影响吸附实验试剂：取土壤 A，加入 5% 赤铁矿粉，混匀，过 2mm 筛装瓶备用，为样品土壤 B。

⑪ 吸附热力学实验铜吸附系列溶液：pH 值为 5.5，铜浓度为 0.00mg/L、10.00mg/L、20.00mg/L、30.00mg/L、40.00mg/L、50.00mg/L 的系列吸附溶液，具体配制方法见实验步骤。

31.4　实验内容与步骤

31.4.1　pH 值对土壤吸附铜的影响

① 配制铜吸附溶液（50mg/L，pH=4.5，pH=5.5）：润洗 50mL 移液管。用移液管取 1000mg/L 铜标准储备液 50mL 于 1000mL 烧杯中，加入约 800mL 吸附溶液。用 HNO_3 或 NaOH 溶液调节 pH 值至 4.5，转移至 1000mL 容量瓶，用吸附溶液定容，即为 pH=4.5 的铜吸附溶液（50mg/L）。用相同的方法配制 pH=5.5 的铜吸附溶液（50mg/L）。

② 用 12 张称量纸称取土壤样品 A 12 份，每份 0.2g。

③ 向 12 个 100mL 离心管中各加入 50mL 铜吸附溶液（50mg/L），pH=4.5 和 pH=5.5 溶液各 6 管。

二维码31-1
pH值对土壤吸附铜
的影响

④ 将 12 份土壤样品分别迅速地加入 12 个离心管，并开始计时。

⑤ 在室温下 250r/min 进行振荡。

⑥ 振荡 10min 后，取出 pH=4.5 和 pH=5.5 离心管各一个。

⑦ 用注射器吸取 100mL 离心管中上层清液，过 0.45μm 针头过滤器于 50mL 离心管中。

⑧ 吸取过滤后溶液 2.5mL 于 25mL 容量瓶中，滴入两滴 2mol/L HNO_3 溶液，用去离子水定容。

⑨ 在 20min、40min、60min、90min、120min 时，从振荡器中分别取出 pH=4.5 和 pH=5.5 的离心管各一个，重复操作⑦⑧。

31.4.2 添加铁氧化物对土壤吸附铜的影响

① 配制铜吸附系列溶液（pH＝5.5）：润洗移液管，分别吸取 0.00mL、5.00mL、10.00mL、15.00mL、20.00mL、25.00mL 的铜标准溶液（500mg/L）于 250mL 烧杯中。加 0.01mol/L CaCl$_2$ 溶液，稀释至 240mL，用 HNO$_3$ 或 NaOH 调节 pH 值至 5.5，将此溶液移入 250mL 容量瓶中，用 0.01mol/L CaCl$_2$ 溶液定容。

② 用 12 张称量纸称取土壤 A、土壤 B 各 6 份，每份 0.2g。

③ 吸取 50mL 浓度为 0.00mg/L、10.00mg/L、20.00mg/L、30.00mg/L、40.00mg/L、50.00mg/L 的铜吸附系列溶液（pH＝5.5）置于 100mL 塑料离心管中，每个浓度平行取两次，获得两套铜吸附系列溶液，共 12 管。

二维码31-2
土壤成分影响土壤
吸附铜热力学实验

④ 将土壤 A 和土壤 B 样品分别迅速加入两套铜吸附系列溶液中，并开始计时。

⑤ 在室温下 250r/min 振荡 70min 后全部取出。

⑥ 用注射器吸取 100mL 离心管中上层清液，过 0.45μm 针头过滤器于 50mL 离心管中。

⑦ 用移液管吸取过滤后溶液 2.5mL 于 25mL 容量瓶中，滴入两滴 2mol/L HNO$_3$ 溶液，用去离子水定容。

31.4.3 铜标准系列溶液的配制

① 吸取 50mg/L 的铜标准溶液 0.00mL、0.50mL、1.00mL、1.50mL、2.00mL、2.50mL 置于 25mL 容量瓶中。

② 各滴入 2 滴 2mol/L 的 HNO$_3$ 溶液。

③ 用去离子水定容。

该标准系列溶液浓度分别为 0.00mg/L、1.00mg/L、2.00mg/L、3.00mg/L、4.00mg/L、5.00mg/L。

二维码31-3
铜标准系列溶液的
配制

31.4.4 原子吸收测定待测溶液中铜的浓度

使用火焰原子吸收分光光度计测定，波长为 324.8nm，以空气-乙炔火焰测定铜标准系列溶液的浓度和吸附实验处理后样品的铜浓度。将测得的数据记录在表 31-1、表 31-2 和表 31-3 中。

二维码31-4
原子吸收测定待测
溶液中铜的浓度

表 31-1　Cu 标准曲线数据

浓度/(mg/L)	0.00	1.00	2.00	3.00	4.00	5.00
吸光度值						

表 31-2　pH 对土壤吸附铜影响的吸光度数据

时间/min	10	20	40	60	90	120
吸光度值(pH＝4.5)						
吸光度值(pH＝5.5)						

表 31-3　土壤成分对土壤吸附铜影响的吸光度数据

铜吸附溶液浓度/(mg/L)	0.00	1.00	2.00	3.00	4.00	5.00
吸光度值(土壤 A)						
吸光度值(土壤 B)						

31.5　注意事项

①　配制吸附用的各浓度铜溶液时，加入 $CaCl_2$ 溶液稀释至离最终要求溶液量少 10～20mL，避免因调节 pH 而使溶液体积超出预定体积的情况。

②　对样品进行原子吸收测试时，先测试标准曲线，然后分系列进样，按照浓度从低到高的顺序进样，需要先对待测溶液中铜的浓度进行预判断。

31.6　数据处理

31.6.1　标准曲线的绘制

根据表 31-1 中标准系列溶液的数据，用 Microsoft Excel 或 Origin 软件绘制吸光度 A 对浓度 c 的标准曲线并计算回归方程和 R^2 值。

31.6.2　实验数据处理

根据铜的标准曲线、回归方程和表 31-2、表 31-3 数据计算吸附动力学实验和吸附热力学实验中各溶液中铜的浓度，并记入表 31-4 和表 31-5 中。

表 31-4　pH 对土壤吸附铜影响的溶液浓度数据

时间/min	0	10	20	40	60	90	120
铜浓度(pH＝4.5)/(mg/L)							
铜浓度(pH＝5.5)/(mg/L)							

表 31-5　土壤成分对土壤吸附铜影响的溶液浓度数据　　　　单位：mg/L

铜吸附溶液浓度	0.00	1.00	2.00	3.00	4.00	5.00
铜浓度(土壤 A)						
铜浓度(土壤 B)						

根据式（31-5）及表 31-4 和表 31-5 的数据计算吸附动力学实验和吸附热力学实验中的吸附量，填入表 31-6 和表 31-7。

$$Q = \frac{(c_0 - c)V}{1000W} \qquad (31\text{-}5)$$

式中 Q——土壤对铜的吸附量，mg/g；

c_0——溶液中铜的起始浓度，mg/L；

c——溶液中铜的平衡浓度，mg/L；

V——溶液的体积，mL；

W——烘干土壤质量，g。

表 31-6 pH 对土壤吸附铜影响的吸附量数据

时间/min	0	10	20	40	60	90	120	150
铜吸附量(pH=4.5)/(mg/g)								
铜吸附量(pH=5.5)/(mg/g)								

表 31-7 土壤成分对土壤吸收铜影响的吸附量数据

铜吸附溶液浓度/(mg/L)	0.00	1.00	2.00	3.00	4.00	5.00
铜吸附量(土壤 A)/(mg/g)						
铜吸附量(土壤 B)/(mg/g)						

31.6.3 绘制动力学吸附曲线

根据表 31-6 的数据，用 Microsoft Excel 或 Origin 软件绘制吸附动力学实验中铜吸附量 Q 与吸附反应时间 t 的变化曲线图（包括 $t=0$ 时的点），pH=4.5 和 pH=5.5 两条曲线画在同一张图中，以便于比较。根据所绘的曲线图确定吸附是否达到平衡以及达到吸附平衡所需的时间。

31.6.4 建立 Freundlich 方程

根据表 31-7 中的数据，以 $\lg Q$ 对 $\lg c$ 作图，根据所得直线的斜率和截距可求得两个常数 K_F 和 n，由此可确定室温下不同土壤样品对铜吸附的 Freundlich 方程。

31.7 思考题

① 本实验得到的土壤对铜的吸附量应为表面吸附量，它应当包括铜在土壤表面上哪些作用的结果？

② 土壤 pH 值对铜的吸附量有何影响？为什么？

③ 铁氧化物如何影响土壤对铜的吸附量？其原理是什么？

④ 为何要在吸附溶液中加入 $CaCl_2$？

⑤ 总结不同吸附等温线模型，并说明其适用条件。

参考文献

[1] GB 2761—2017.食品安全国家标准 食品中真菌毒素限量.

[2] GB 3838—2002.地表水环境质量标准.

[3] GB 5009.15—2014.食品安全国家标准 食品中镉的测定.

[4] GB 5749—2006.生活饮用水卫生标准.

[5] GB 5750.2—2006.生活饮用水标准检验方法 水样的采集与保存.

[6] GB/T 19077—2016.粒度分析 激光衍射法.

[7] GB/T 21853—2008.化学品 分配系数（正辛醇-水） 摇瓶法试验.

[8] GB/T 21851—2008.化学品 批平衡法检测 吸附/解吸附试验.

[9] GB/T 23739—2009.土壤质量 有效态铅和镉的测定 原子吸收法.

[10] GB/T 25282—2010.土壤和沉积物 13 个微量元素形态顺序提取程序.

[11] HJ 695—2014.土壤 有机碳的测定 燃烧氧化-非分散红外法.

[12] 陈传好，谢波，任源，等.Fenton 试剂处理废水中各影响因子的作用机制 [J].环境科学，2000，21
（3）：93-96.

[13] 陈胜兵，何少华，娄金生，等.Fenton 试剂的氧化作用机理及其应用 [J].环境科学与技术，2004，
27（3）：105-107.

[14] 迟杰，齐云，鲁逸人.环境化学实验 [M].天津：天津大学出版社，2010.

[15] 戴树桂.环境化学 [M].2 版.北京：高等教育出版社，2006.

[16] 董德明，朱利中.环境化学实验 [M].2 版.北京：高等教育出版社，2009.

[17] 董汉英，仇荣亮，赵芝灏，等.EDTA 淋洗修复 Cu 污染土壤的去除效率与适宜淋洗剂用量的选取
[J].中山大学学报（自然科学版），2010，49（3）：135-139.

[18] 董希良，刘玲玲，赵传明.加速溶剂萃取-固相萃取净化-气相色谱/质谱法测定土壤中的多环芳烃
[J].分析试验室，2021，40（2）：140-144.

[19] 杜平华，杨晓峰.间接竞争酶联免疫吸附法分析检测中药中黄曲霉毒素 B_1 的研究 [J].药物分析杂
志，1995，15（2）：34-36.

[20] 杜志鹏，苏德纯.稻田重金属污染修复治理技术及效果文献计量分析 [J].农业环境科学学报，2018，
37（11）：2409-2417.

[21] 范春辉，杜波，张颖超，等.湿法消解火焰原子吸收法测定黄土复合污染修复植物金盏菊幼苗中的铅
和镉 [J].光谱学与光谱分析，2016，36（8）：2625-2628.

[22] 高士祥，顾雪元.环境化学实验 [M].上海：华东理工大学出版社，2009.

[23] 黄昌勇.土壤学 [M].北京：中国农业出版社，2000.

[24] 及利，杨雨春，王君，等.不同土地利用方式下酚酸物质与土壤微生物群落的关系 [J].生态学报，
2019，39（18）：6710-6720.

[25] 姜建芳，侯丽丽，齐梦溪，等.天津市采暖季 $PM_{2.5}$ 中碳组分污染特征及来源分析 [J].生态环境学

报，2020，29（6）：1181-1188.

[26] 雷鸣，曾敏，王利红，等.湖南市场和污染区稻米中 As、Pb、Cd 污染及其健康风险评价 [J].环境科学学报，2010，30（11）：2314-2320.

[27] 刘海英，曲克明，马绍赛.养殖水体中溶解氧的变化及收支平衡研究概况 [J].海洋水产研究，2005，26（2）：79-84.

[28] 刘随心，张二科，曹军骥，等.西安 2005 年春季大气碳气溶胶的理化特征 [J].过程工程学报，2006，6（S2）：5-9.

[29] 刘哲.风积沙中菲的光降解研究 [D].西安：西安科技大学，2016.

[30] 鲁如坤.土壤农业化学分析方法 [M].北京：中国农业科技出版社，2000.

[31] 吕忆民，李梦晴，吕崔华.二氧化钛光降解甲基橙的实验研究 [J].教育教学论坛，2014（37）：231-232.

[32] 马宏瑞，李鑫，吴薇，等.模拟铬鞣废水中铬的电化学沉积 [J].环境化学，2015，34（10）：1791-1795.

[33] 马妍，王童，周生坤，等.地带性土壤对苯胺吸附行为的研究 [J].环境工程，2021：1-12.

[34] 马云华，魏珉，王秀峰.日光温室连作土壤酚类物质变化及其对黄瓜根系抗病性相关酶的影响 [J].应用生态学报，2005，16（1）：79-82.

[35] 申连玉.多环芳烃菲在土壤矿物表面的吸附与光解行为 [D].南京：南京农业大学，2016.

[36] 申连玉，钱黎慧，代静玉，等.钙、钠饱和处理的次生硅酸盐矿物对多环芳烃（菲）吸附与光解行为 [J].农业环境科学学报，2016，35（2）：294-304.

[37] 孙晓飞，张宁，刘淑艳，等.六价铬 Cr（Ⅵ）最新研究进展 [J].应用化工，2020，49（4）：1035-1038.

[38] 汤莉莉，江蓉馨，王月华，等.2013 年 1 月南京强霾时期大气细颗粒物污染特征分析 [J].环境工程，2016，34（3）：86-92.

[39] 王晨希，黄晶.微波消解-火焰原子吸收光谱法测定土壤和沉积物中的重金属 [J].化学分析计量，2018，27（6）：64-68.

[40] 王德高.多环芳烃和多溴代联苯醚的光化学行为研究 [D].大连：大连理工大学，2007.

[41] 王连生，李晖，汪小江，等.取代苯乙酮类有机物溶解度和分配系数的测定 [J].环境化学，1993，12（2）：151-154.

[42] 王萌，李杉杉，李晓越，等.我国土壤中铜的污染现状与修复研究进展 [J].地学前缘，2018，25（5）：305-313.

[43] 王天贵，田雅洁.三价铬氧化方法比较研究 [J].无机盐工业，2016，48（7）：55-57.

[44] 王婷.高效诱变菌与生物炭复合修复重金属污染土壤的研究 [D].天津：南开大学，2013.

[45] 王亚东，张林生.电镀废水处理技术的研究进展 [J].安全与环境工程.2008，15（3）：69-72.

[46] 武高峰，王丽丽，武志宏，等.石家庄市采暖季 PM2.5 碳组分昼夜污染特征及来源分析 [J].环境科学学报，2020，40（7）：2356-2364.

[47] 武媛媛，李如梅，彭林，等.运城市道路扬尘化学组成特征及来源分析 [J].环境科学，2017，38（5）：1799-1806.

[48] 肖杰.溶解性有机质对多环芳烃光解的影响机制 [D].大连：大连理工大学，2013.

[49] 熊顺贵. 基础土壤学 [M]. 北京：中国农业大学出版社，2001.

[50] 薛瑞，曾立民，吴宇声，等. 大气气溶胶碳质组分在线分析仪的研制和应用 [J]. 环境科学学报，2017，37 (1)：95-103.

[51] 杨梅，谭玲，叶绍明，等. 桉树连作对土壤多酚氧化酶活性及酚类物质含量的影响 [J]. 水土保持学报，2012，26 (2)：165-169.

[52] 殷榕灿，崔玉民，苗慧，等. TiO_2 光催化降解有机染料反应机理 [J]. 水处理技术，2020，46 (3)：11-15.

[53] 余刚，徐晓白，安凤春，等. 有机化合物水中溶解度的测定与估算 [J]. 环境化学，1994，13 (3)：198-202.

[54] 翟琨，向东山，殷艳，等. EDTA 对 Cu 污染农田土壤的淋洗实验研究 [J]. 土壤通报，2015，46 (5)：1108-1113.

[55] 张伯镇，王丹，张洪，等. 官厅水库沉积物重金属沉积通量及沉积物记录的生态风险变化规律 [J]. 环境科学学报，2016，36 (2)：458-465.

[56] 张灿，周志恩，翟崇治，等. 基于重庆本地碳成分谱的 $PM_{2.5}$ 碳组分来源分析 [J]. 环境科学，2014，35 (3)：810-819.

[57] 赵启文，刘岩. 芬顿（Fenton）试剂的历史与应用 [J]. 化学世界，2005，46 (5)：319-320.

[58] 赵雪艳，王歆华，褚彦辛，等. 忻州市大气 $PM_{2.5}$ 的化学组成质量平衡特征及来源解析 [J]. 环境工程学报，2017，11 (8)：4660-4668.

[59] 甄燕红，成颜君，潘根兴，等. 中国部分市售大米中 Cd、Zn、Se 的含量及其食物安全评价 [J]. 安全与环境学报，2008，8 (1)：119-122.

[60] 郑玫，张延君，闫才青，等. 中国 PM2.5 来源解析方法综述 [J]. 北京大学学报（自然科学版），2014，50 (6)：1141-1154.

[61] 庄源益，戴树桂，袁有才，等. 底质耗氧行为探讨 [J]. 环境化学，1995，14 (6)：537-540.

[62] Blaine A C，Rich C D，Sedlacko E M，et al. Perfluoroalkyl acid distribution in various plant compartments of edible crops grown in biosolids-amended soils [J]. Environmental Science & Technology，2014，48 (14)：7858-7865.

[63] Cantrell K B，Hunt P G，Uchimiya M，et al. Impact of pyrolysis temperature and manure source on physicochemical characteristics of biochar [J]. Bioresource Technology，2012，107：419-428.

[64] Chen B L，Zhou D D，Zhu L Z. Transitional adsorption and partition of nonpolar and polar aromatic contaminants by biochars of pine needles with different pyrolytic temperatures [J]. Environmental Science & Technology，2008，42 (14)：5137-5143.

[65] Chen H P，Tang Z，Wang P，et al. Geographical variations of cadmium and arsenic concentrations and arsenic speciation in Chinese rice [J]. Environmental Pollution，2018，238：482-490.

[66] Chintala R，Schumacher T E，Kumar S，et al. Molecular characterization of biochars and their influence on microbiological properties of soil [J]. Journal of Hazardous Materials，2014，279：244-256.

[67] Davidson P M，Juneja V K，Branen J K. Antimicrobial agents [M] //Branen A L，Davidson P M，Salminen S，et al. Food additives. New York：Marcel Dekker Inc.，2002：563-620.

[68] Drijvers J M，Awan I M，Perugino C A，et al. Chapter 7—The enzyme-linked immunosorbent assay：

the application of ELISA in clinical research ［M］//Jalali M，Saldanha F Y L，Jalali M. Basic science methods for clinical researchers. Boston：Academic Press，2017：119-133.

［69］ Filgueiras A V，Lavilla I，Bendicho C. Chemical sequential extraction for metal partitioning in environmental solid samples ［J］. Journal of Environmental Monitoring，2002，4（6）：823-857.

［70］ Finn E. Precipitation of metals from hazardous waste ［M］//Dunnivant F M. Environmental laboratory exercises for instrumental analysis and environmental chemistry. Hoboken，New Jersey：John Wiley & Sons Inc.，2004：123-141.

［71］ Gleyzes C，Tellier S，Astruc M. Fractionation studies of trace elements in contaminated soils and sediments：a review of sequential extraction procedures ［J］. Trac-Trends in Analytical Chemistry，2002，21（6/7）：451-467.

［72］ Jonker M T O，Koelmans A A. Sorption of polycyclic aromatic hydrocarbons and polychlorinated biphenyls to soot and soot-like materials in the aqueous environment mechanistic considerations ［J］. Environmental Science & Technology，2002，36（17）：3725-3734.

［73］ Keiluweit M，Nico P S，Johnson M G，et al. Dynamic molecular structure of plant biomass-derived black carbon (biochar) ［J］. Environmental Science & Technology，2010，44（4）：1247-1253.

［74］ Khan S，Reid B J，Li G，et al. Application of biochar to soil reduces cancer risk via rice consumption：a case study in Miaoqian village，Longyan，China ［J］. Environment International，2014，68：154-161.

［75］ Krippner J，Brunn H，Falk S，et al. Effects of chain length and pH on the uptake and distribution of perfluoroalkyl substances in maize (Zea mays) ［J］. Chemosphere，2014，94：85-90.

［76］ Kumar P，Mahato D K，Kamle M，et al. Aflatoxins：a global concern for food safety，human health and their management ［J］. Frontiers in Microbiology，2017，7：2170.

［77］ Lan Z H，Zhou M，Yao Y M，et al. Plant uptake and translocation of perfluoroalkyl acids in a wheat-soil system ［J］. Environmental Science and Pollution Research，2018，25（31）：30907-30916.

［78］ Lattao C，Cao X Y，Mao J D，et al. Influence of molecular structure and adsorbent properties on sorption of organic compounds to a temperature series of wood chars ［J］. Environmental Science & Technology，2014，48（9）：4790-4798.

［79］ Liu J X，Avendano S M. Microbial degradation of polyfluoroalkyl chemicals in the environment：a review ［J］. Environment International，2013，61：98-114.

［80］ Liu R，Altschul E B，Hedin R S，et al. Sequestration enhancement of metals in soils by addition of iron oxides recovered from coal mine drainage sites ［J］. Soil & Sediment Contamination，2014，23（4）：374-388.

［81］ Maret W，Moulis J M. The bioinorganic chemistry of cadmium in the context of its toxicity ［M］//Sigel A，Sigel H，Sigel R K O. Cadmium：From toxicity to essentiality. Berlin：Springer Netherlands，2013：1-29.

［82］ Peng C S，Meng H，Song S X，et al. Elimination of Cr（Ⅵ）from electroplating wastewater by electrodialysis following chemical precipitation ［J］. Separation Science and Technology，2004，39（7）：1501-1517.

［83］ Rauret G，Lopez-Sanchez J，Luck D，et al. The certification of the extractable contents (mass fractions) of Cd, Cr, Cu, Ni, Pb and Zn in freshwater sediment following sequential extraction procedure-BCR 701 [R]. Bruxelles: BCR Information European Commission BCR Information Reference Materials Report EUR, 2001, No. 19775.

[84] Shaaban A, Se S M, Dimin M F, et al. Influence of heating temperature and holding time on biochars derived from rubber wood sawdust via slow pyrolysis [J]. Journal of Analytical and Applied Pyrolysis, 2014, 107: 31-39.

[85] Shi Z Y, Carey M, Meharg C, et al. Rice grain cadmium concentrations in the global supply-chain [J]. Exposure and Health, 2020, 12 (4): 869-876.

[86] Song Y, Wang Y B N, Mao W F, et al. Dietary cadmium exposure assessment among the Chinese population [J]. Plos One, 2017, 12 (5): 0177978.

[87] Suda A, Makino T. Functional effects of manganese and iron oxides on the dynamics of trace elements in soils with a special focus on arsenic and cadmium: a review [J]. Geoderma, 2016, 270: 68-75.

[88] Sun H, Tateda M, Ike M, et al. Short-and long-term sorption/desorption of polycyclic aromatic hydrocarbons onto artificial solids: effects of particle and pore sizes and organic matters [J]. Water Research, 2003, 37 (12): 2960-2968.

[89] Trucksess M W, Diaz-Amigo C. Mycotoxins in foods [M] //Nriagu J O. Encyclopedia of environmental health. Burlington: Elsevier, 2011: 888-897.

[90] Wang G H, Kleineidam S, Grathwohl P. Sorption/desorption reversibility of phenanthrene in soils and carbonaceous materials [J]. Environmental Science & Technology, 2007, 41 (4): 1186-1193.

[91] Wang X L, Xing B S. Sorption of organic contaminants by biopolymer-derived chars [J]. Environmental Science & Technology, 2007, 41 (24): 8342-8348.

[92] Wang Y Q, Liu S J, Xu Z, et al. Ammonia removal from leachate solution using natural Chinese clinoptilolite [J]. Journal of Hazardous Materials, 2006, 136 (3): 735-740.

[93] Weil R R, Brady N C. The nature and properties of soils [M]. 15th ed. Columbus: Pearson, 2016.

[94] Wen B, Li L F, Liu Y, et al. Mechanistic studies of perfluorooctane sulfonate, perfluorooctanoic acid uptake by maize (Zea mays L. cv. TY2) [J]. Plant and Soil, 2013, 370 (1/2): 345-354.

[95] Xu X Y, Sun H W, Simpson M J. Concentration-and time-dependent sorption and desorption behavior of phenanthrene to geosorbents with varying organic matter composition [J]. Chemosphere, 2010, 79 (8): 772-778.

[96] Yang K, Xing B S. Desorption of polycyclic aromatic hydrocarbons from carbon nanomaterials in water [J]. Environmental Pollution, 2007, 145 (2): 529-537.

[97] Yuan C L, Li F B, Cao W H, et al. Cadmium solubility in paddy soil amended with organic matter, sulfate, and iron oxide in alternative watering conditions [J]. Journal of Hazardous Materials, 2019, 378: 120672.

[98] Zhan X H, Ma H L, Zhou L X, et al. Accumulation of phenanthrene by roots of intact wheat (Triticum acstivnm L.) seedlings: passive or active uptake? [J]. Bmc Plant Biology, 2010, 10: 52.

[99] Zhang L, Sun H W, Wang Q, et al. Uptake mechanisms of perfluoroalkyl acids with different carbon chain lengths (C2-C8) by wheat (Triticum acstivnm L.) [J]. Science of the Total Environment, 2019,

654：19-27.

[100]   Zhang Y F，Yang J X，Simpson S L，et al. Application of diffusive gradients in thin films (DGT) and simultaneously extracted metals (SEM) for evaluating bioavailability of metal contaminants in the sediments of Taihu Lake，China [J]. Ecotoxicology and Environmental Safety，2019，184：109627.

[101]   Zhou Z L，Sun H W，Zhang W. Desorption of polycyclic aromatic hydrocarbons from aged and unaged charcoals with and without modification of humic acids [J]. Environmental Pollution，2010，158 (5)：1916-1921.